用化學讀懂世界

從身邊的日常運作，到世界的起源都可以用化學來解答！

化学で世界はすべて読み解ける

人類史、生命、暮らしのしくみ

左卷健男　著
張資敏　譯

晨星出版

前言　給讀者的話

大家對學校的化學課有什麼印象呢？

在日本，高中理科課選修化學的人跟選生物的人都很多，但因爲化學需要理論跟計算，又有許多化學式和物質的性質、反應需要背誦，應該也有很多人提不起興趣吧。因爲授課內容不太容易產生眞實感，所以學習的時候不會有「我懂了！」的心情，還會覺得跟生活或人生沒什麼關係，離開學校這些知識就沒有用了……像這樣的原因或許還有很多。

那麼化學到底是怎樣的學問呢？

一言以蔽之，化學就是研究物質的學問。

例如，杯子有玻璃製、紙製、金屬製等許多種類，如果把焦點放在製造杯子的材料，則這個材料就稱爲「物質」。

也就是說，「物質就是物品的材料」。

化學是一種關注材料「由什麼所形成（由什麼物質構成）」的學問。

物質又可以稱爲「化學物質」。說到化學物質，或許有人會抱持著可怕的印象。但是化學物質是形成所有東西的源頭，不僅是我們人類本身，還有周遭的空氣、水、食物、衣服、建築物、土、岩石等，所有物體都是由物質構成。

而物質又有什麼樣的性質呢？物質中的「原子．分子」等成分，又是怎麼樣結合在一起的呢？研究這些問題的學問也是化學。

構成物質的原子結合方式一旦改變，就會誕生出跟過去不同的新物質，這就是化學變化。化學變化就是「出現了新的物質」，也就是「讓物質發生了變化」。

我們就來看看生活周遭的廚房吧。

那裡當然有水和空氣，還有米或蔬菜、魚、肉等食品，還有鹽或砂糖等調味料，水龍頭、鍋子或菜刀、湯匙等金屬，容器及杯子等陶瓷器或玻璃、塑膠類，還有天然氣瓦斯或液化石油氣（桶裝瓦斯）等燃料。這些都是化學物質。而物質全都是由「元素」組成的。元素的本體就是「原子」。

這些物質到底有著怎樣的性質呢？

如果燃燒瓦斯，烹煮或燒烤食品的話，會發生什麼事呢？

像這樣一一思考身邊的物質，是不是就能對物質漸漸產生興趣跟關心呢？

本書是將2022年春天NHK文化中心青山教室所舉辦的「改變歷史與生活的化學」講座內容（也夾雜化學上的新發現如何改變生活、還有化學家小故事等）作爲基礎所寫成。

本書是以拙作《世界史是化學寫成的：從玻璃到手機，從肥料到炸藥，保證有趣的化學入門》（日本由鑽石社出版，台灣由究竟出版）爲主要參考文獻，但將該書的內容大幅編修過並重新編成。

我希望透過本書能帶領讀者關注這些化學發現、小故事、與歷史的關聯性、與生活的關係，並且引發人們對化學的興趣與關心。

左卷健男

第1章 水

你是不是認為「冰是攝氏0度」呢？

第2章 水與衛生

古代羅馬人對泡澡的熱愛，比熱水還熱烈!?

第3章 火

「大氣」和「空氣」有什麼不同？

第4章 金屬

小魚裡沒有含鈣!?

第5章
陶瓷
燃燒黏土後，為什麼會變成堅硬的土器呢？

第6章 玻璃

克麗奧佩脫拉也欣賞玻璃珠？

第7章 炸藥

家用瓦斯爐的瓦斯為什麼會臭？

第8章 染料

眼影及口紅這些化妝品，是在哪裡誕生的？

第9章 醫藥品

使用過多抗生素後，無論什麼抗生素都沒效，是真的嗎？

第10章 農藥

化學肥料養活了全世界八十億人的命？

第11章 合成纖維

為什麼絲襪的線那麼細，卻很強韌？

水是什麼顏色？

一般認爲地球表面有七〇％是水，因爲充滿大量的水，所以地球又被稱爲「水的行星」。

水的顏色很淺且透明無色。透明無色是因爲太陽光會全部穿透水的關係。

雖然陽光乍看之下是白色，但其實是由彩虹的七種顏色「紅、橙、黃、綠、藍、靛、紫」所混合而成。在美國或英國不會說彩虹有靛色，所以彩虹顏色就是六種，每個國家的彩虹顏色說法會有些許不同。而這些顏色中，紅光會稍微被水吸收，如果水不深的話，這個影響就非常小，所以看起來水還是透明無色的。

但水一旦變深，紅光就會被水吸收，剩下的光合起來就會變成藍色，繼續進入水中。所以說，像海這麼深的水體，就會只剩下藍色的光沒被海水吸收，並且又因爲碰到海水中的物質（垃圾或是浮游生物之類）而發生散射並傳入我們的眼中。所以我們看到的海就會是藍色的。

第1章

水

你是不是認為「冰是攝氏0度」呢？

第13章 石油

石油、汽油、煤油、柴油、重油……差別在哪？

第12章 塑膠

紙尿布的吸收力為什麼這麼厲害？

地球上的「淡水」佔了多少比例？

地球表面和大氣中所含有的水量，推測共有十四億立方公里（重約一兆噸的一百四十萬倍），其中九十七％以上都是海水（鹹水）。

淡水只佔地球水分整體的三％不到而已，而且大部分是在南極、格陵蘭等陸地上的冰裡。像地下水、河川或湖泊的淡水只是極小的一部分。

海水如果不去除大部分的鹽分，人跟植物都不能飲用。要去除海水中的鹽分需要花費龐大費用，所以我們可以在家庭或工業、農業方面利用的水，普遍還是地下水、河川或湖泊等淡水。

海水和淡水都是水循環的一部分，陽光如果照射到海水，海水就會蒸發變成水蒸氣，充滿在大氣中。水蒸氣會變成雨水或雪等形式，再落到地面上。然後最終流向大海。

有像這樣的水循環，我們才能使用淡水。

你是不是認為「冰是攝氏0度」呢？

水這種物質，在我們生活環境的溫度（常溫）下，可以有固體、液體、氣體三種狀態。根據JIS（日本產業規格）定義，常溫是攝氏二十度正負十五度（攝氏五～三十五度）的範圍裡，本書所指的是大約攝氏二十度上下。

水在一大氣壓下，熔點（凝固點）爲攝氏0度，沸點爲攝氏一百度。水的熔點和沸點也決定了攝氏溫度的刻度。

在攝氏負十八度的冰箱冷凍庫裡製作出來的冰，在冷凍庫裡會是幾度呢？一般是不是會認爲「冰是攝氏0度」呢？

在攝氏負十八度的地方，冰就會變成負十八度。把冰拿出來放在常溫下後，冰會因爲周圍的熱而溫度上升，到了攝氏0度後就會開始熔化，在全部熔化完之前都會維持攝氏0度，而冰受到的熱會用來解開冰的水分子之間的化學鍵，讓分子可以自由活動而成爲液態水。水分子如果在攝氏0度以下變成冰的狀態，會跟周圍的水分子緊密結合，無法移動到各種地方。如果變成攝氏0度的液體狀態，則可以自由活動。所以液態水就可以根據容器變成各種形狀。

液態氮是攝氏負一百九十六度的低溫。要是把冰放入液態氮中，就會成爲攝氏負一百九十六度的冰。

從沸騰水裡冒出的泡泡的真身是什麼？

把水放到鍋子之類的容器，再放在瓦斯爐上加熱的話，溫度會逐漸上升。水蒸氣從水面冒出的「蒸發」也會發生。隨著溫度上升，蒸發會逐漸旺盛起來。

一起看看水的內部吧，一開始從水的內部冒出的泡泡就是溶解在水裡的空氣。溫度一旦變高，空氣就會無法再繼續溶解在水中，而以泡泡的形式跑出來。

到了攝氏一百度後，激烈沸騰的水的內部會產生泡泡。而這沸騰氣泡內所含的則是水蒸氣。沸騰時，水的溫度有攝氏一百度。水承受的熱能會切斷液體的水分子之間的化學鍵，使水分子（水蒸氣）四散。

那麼，我們可以透過肉眼看見水蒸氣嗎？

水沸騰時，從水壺的壺嘴可以看到白色霧氣。其實霧氣的周圍有著我們看不見的水蒸氣。水蒸氣是水分子四散噴出的狀態，而這些水分子是肉眼無法看見的。因爲水蒸氣無色透明，所以其分子也就看不見了。即使使用倍率一千五百倍的高性能光學顯微鏡，也看不到單一水分子。相對地，我們肉眼可見的霧氣其實是龐大數量的水分子集合在一起，雖然這數字的範圍並不固定，但要舉例的話，一京個水分子也有可能。

水蒸氣可以用火柴點燃!?

從沸騰的水中跑出來的水蒸氣是攝氏一百度，但要是繼續加熱，就可以變成高溫水蒸氣。

水蒸氣可以超過攝氏一百度，不只能達到攝氏兩百度，甚至可以超過攝氏三百度。也就是說水蒸氣的最高溫度並非攝氏一百度，也有超過攝氏三百度的情況。

這就稱爲「過熱蒸汽」，是一種感覺又熱又乾的水蒸氣。

要是讓火柴接觸過熱蒸汽就會點燃，紙碰到也會燒焦。不是被水蒸氣弄濕，而是被水蒸氣烤焦。

我們在一般生活中比較少有機會接觸過攝氏一百度以上的水蒸氣吧。所以，或許很多人會覺得「水會弄濕東西」、「水蒸氣大概就只能到攝氏一百度」。

其實，火力發電廠或核電廠會把水加熱，製造出「高溫高壓水蒸氣」，並讓這個水蒸氣強力推動連結著發電機的巨大渦輪，讓渦輪轉動來發電。

最近，日常生活中也出現了使用過熱蒸汽的烹調器具。

二〇〇四年，夏普販售了名爲水波爐，也就是「用水來燒烤」的烹調器具，這就是使用超過攝氏三百度的過熱蒸汽來烹調，攝氏三百度已經遠遠超過炸天婦羅的油的溫度（約攝氏一百八十度）了。

過去也有商業用的過熱蒸汽烹調器具，但這個產品將其縮小爲家庭用的版本。

食品如果沾到一般水蒸氣就會結露並受潮，但過熱蒸汽並不會讓食物受潮，反而會烤得脆脆的，水波爐的高熱可以融出食物內部的油脂，讓油滴下來。

另外，因爲使用過程中會排出調理器內的空氣，所以一般空氣中含有二十一％的氧氣也會大幅減少。食物在低氧狀態下不容易氧化，所以維他命等易氧化的成分也能保留下來。

最初販售的水波爐只使用了過熱蒸汽，但之後還推出了加上微波、烤箱，或是兩者併用等各種加熱方式的種類。

冰為什麼會浮在水上？

在自然界的各種物質中，水擁有和其他物質不一樣的性質。

最大的特徵是同體積的固體冰會比起液態水來得輕。

如果同體積相比，幾乎所有物質的固體都會比液體來得更重，例如將蠟燭的蠟（是一種名爲石蠟的物質）加熱爲液狀後，再將固體石蠟放進液體中，固體石蠟會沉下去。

另外，常溫下唯一液態的金屬水銀，如果用乾冰冷卻成固體再放入液體水銀裡，或是把液體的乙醇用液態氮冷卻後，把固體乙醇放入液體乙醇中，這兩種物質的固體都會沉入液體中。

這是因為比起液態，固態下的原子．分子間連結很強，使得原子．分子間的縫隙變小，所以原子．分子會很緊密，密度也隨之變大。

但水不一樣，水的固體比起液態時更輕。

而且幾乎所有物質的液體都會因溫度上升而膨脹變輕，但水不一樣，水在攝氏四度的時候是最重的。

如果冰比攝氏 0 度的水更重的話，首先在水面上冷卻形成的冰塊會馬上沉入水底。如此一來，無論是湖泊還是河川、海洋，底下應該都會沉著一堆冰塊才對。

但實際上沒有發生這種事，冰會停留在水面上。所以，水中的生物即使氣溫降到攝氏 0 度以下，也會在冰的保護下得以生存。

那為什麼同體積的水，固體會比液體來得輕呢？

水分子的形狀和性質

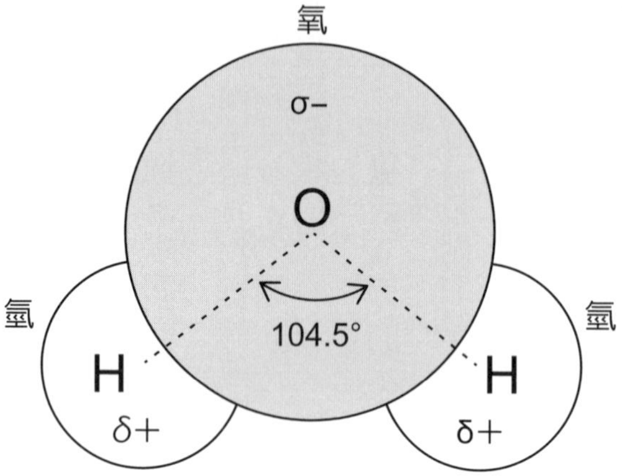

氫原子帶有δ+電荷（δ的意思是很小的數），
氧原子帶有σ-的電荷。

那是因爲水分子的結合方式。

水分子是由一個氧原子和兩個氫原子所結合，兩個氫原子會以某個角度（一〇四．五度）成爲折線的形狀。

水分子的分子內部電子偏向一側（譯註：具有極性），所以如果某個水分子的氫原子附近有（其他）水分子的氧原子，分子之間的正電荷和負電荷會互相吸引。而這個結合就稱爲「氫鍵」。氫鍵會比一般分子之間的結合來得強。

普通的冰，水分子會透過氫鍵結合而成爲結晶，從上面觀看這個結晶的話，就會發現水分子會以六角形的形狀排列。雪

冰的結晶構造

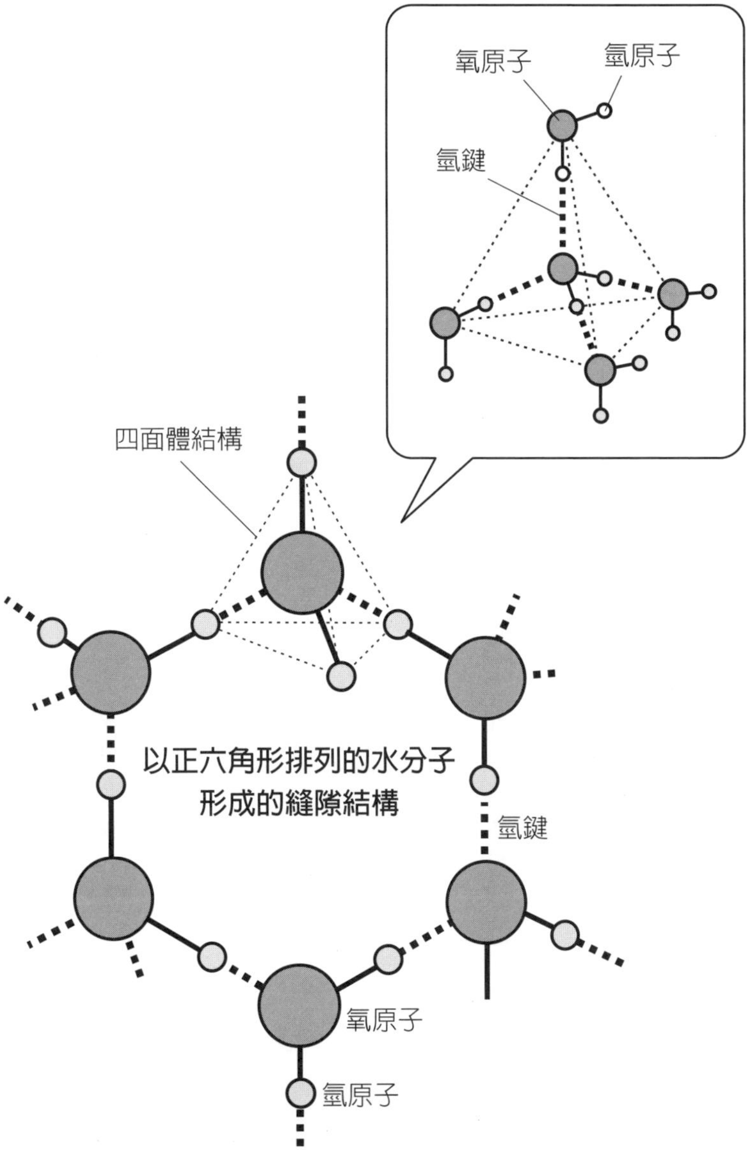

出處：參考株式會社前川製作所的網頁，由SB Creative株式會社製作

的結晶也是這個構造的集合體，所以也會是六角形。由於氫鍵的緣故，讓冰產生很大的空隙。

如果是液體的水，氫鍵就會斷開，水分子也會雜亂地四處移動，沒有了氫鍵，水分子之間的空隙就會被填滿，而使密度變大。

什麼東西都能溶於水中嗎？

我們可以試著在水裡加入各種物質攪拌看看。加入蔗糖（砂糖的主成分）時，蔗糖會消失而變成無色透明的液體。這時候就會說「蔗糖溶在了水中」。

如果改加入馬鈴薯澱粉時，水就會變白、變濁，而將水暫時放置一段時間後，澱粉就會沉澱到底部。

所以，我們可以得知，把物質加入水中時，如果會浮著、沉澱、或是水變混濁，那麼這個物質並未溶於水。

水擁有很強大的溶解物質能力。

雨水會溶入大氣中的氣體，河水也溶入了各種物質並流向大海，海水中每一公升溶解了約三十五克的鹽類，包含金、銀，連鈾都有，共溶入了六十種以上的元素。

看看自己的身體吧。我們吃了東西後，食物裡的澱粉、蛋白質、脂肪都會在胃跟腸道裡被消化、吸收，並溶於水中。溶入水裡的養分會被體內吸收，順著血液流向身體四處的細胞。細胞產生的廢物也會溶於水中，隨著尿或汗被運出體外。

燈油或汽油、食用油、脂肪等，有機化合物（以碳爲主的化合物）一般都不太容易溶於水中，但也並非完全不能溶解。

燈油或汽油、食用油、脂肪等是可以稍微溶於水的。

而且各種油之間能互相溶解。所以水無法洗去的油性墨水塗鴉，可以用丙酮或石油醚等有機溶劑去除。

有機化合物中，像乙醇、蔗糖等可充分溶於水中，乙醇不管和水是多少比例都能溶解，蔗糖在攝氏二十度的一百克水中，可以溶解二百零四克。這是因爲這些物質的分子中有和水親和性高的部分〔親水基 -OH（氫氧基）〕。

水不只是可以跟鹽類和擁有親水基的親水性物質相溶，還可以少量溶解相當多種類的物質。就連玻璃也是可以溶解的。

男性和女性，誰的體內水分比較多？

水在我們的生命中是不可或缺的重要物質，它可以運送養分跟氧氣，可以成爲化學反應發生的地方，還可以調節體溫跟滲透壓（當水往溶質濃度高的地方移動時，其所產生的壓力）。

水不只是爲了衛生，也是生存絕對必要的東西。所以，當人類開始定居生活後，也一定會住在附近有乾淨水源的地點。

以二十歲的健康男女爲基準來考慮，男性體重約六〇％是水，那麼你覺得女性的數字會比這個多還是少呢？

實際上，女性體內的水分比較少，只佔了體重的五十五％。這是因爲男女的肌肉組織和脂肪組織的量有差。

腦、腸、腎臟、肌肉、肝臟等，當中的水分一般都是佔八〇％，相對較多。但是女性體內擁有較多的脂肪組織（皮下組織），水分約佔脂肪的三十三％，所以整體水分較少。

回想一下肉類或魚的油脂和肉（肌肉）。把冷凍魚解凍時，容易出水的不是油脂部分，而是肉的部分對吧？我們的體內，儲存最大量水分的是肌肉。

一般認爲肌肉組織的七十二％（重量）左右是水。男性肌肉比例較高，所以「水靈靈的」。

我們人類沒有水就會死。如果不吃東西，但只要能喝水的話，大概也能活上三週左右。

但是如果不喝水，恐怕幾天內就會死了。所以許多佛教僧侶即使斷食也會喝水。水就是生命的基本，也是重要物質。

危險的化學物質「DHMO」是什麼!?

過去美國的一個學生曾提倡禁用「dihydrogen monoxide（以下稱爲DHMO）」這種化學物質，並發起連署活動。

「DHMO無色、無臭、無味，而且每年都殺死了數不盡的人類。幾乎所有人的死因都是偶然吸入DHMO而引起的，即使只碰到固體，也會引發激烈的皮膚問題。

DHMO是酸雨的主要成分，也是溫室效應的原因。

今天在美國幾乎所有的河流跟湖泊、蓄水池都能發現DHMO的蹤跡，不僅如此，DHMO污染還遍及全世界。甚至連南極的冰層都能發現。

美國政府竟然拒絕禁用這種物質的製造、擴散，但現在還爲時不晚！爲了防止污染擴大，現在就應該開始行動。」

聽說許多人都參加了連署。

那麼 DHMO 究竟是什麼呢？

其實就是一氧化二氫，用化學式來表達就是 H_2O，也就是水。

發起連署活動的學生，其目的是想主張「民衆擁有的知識就是這種程度而已，科學教育應該更加落實」，不說水而是稱之爲一氧化二氫，這個乍看之下很可怕的名詞就能讓許多人上當，他想藉此敲響警鐘。

確實有很多人溺死，水也是酸雨的主要成分，水蒸氣在大氣中時也是影響最大的溫室氣體。

雖然化學物質有著乍看之下很難、很可怕的名字，但是不要被假象給矇騙，應該仔細看看它實際上是什麼呢。

第2章

水與衛生

古代羅馬人對泡澡的熱愛，比熱水還熱烈!?

人類是從什麼時候開始洗澡的?

我們來聊聊水跟衛生的關係吧。

衛生的意思是保持健康、預防或治療疾病。

衛生與水的關係中,乾淨的水、安全的水是必須的。喝下安全的水,用乾淨的水清潔身體,處理好大小便,還有處理含有傳染病病原體的水等。

首先,來看看洗澡文化的變遷吧。

泡澡是爲了清潔身體而將身體浸於水中,可以是泡進海中、河流、池子裡,也可以使用洗澡用設備(浴缸、桑拿、蓮蓬頭等)。

雖然大家可能視洗澡爲理所當然的事情,但歐洲有很長一段時間都避免洗澡。

古代印度教徒則是因爲有保持身體清潔的戒律,所以一般認爲從西元前三〇〇〇年左右就有很多家庭擁有洗澡的設備了。

例如,印度河流域文明的城市遺跡——摩亨佐達羅(Mohenjo-daro)遺跡可以看到燒結磚堆疊的城牆或市區，還有浴場跟上下水道。

而要說到精緻的洗澡設備，就是在希臘克里特島上有青銅器時代最大的遺址克諾索斯宮殿，目前推測大約建於西元前一七〇〇年左右。裡面設有透過石造水管排水跟給水的浴槽和浴室。

那裡也有頭上裝有水槽的馬桶坑。因為有水槽，所以目前被認為可能是世界上最古老的沖水馬桶，一般認為這個設計讓水槽可以儲存雨水，並在不下雨時可以用水桶從附近的蓄水池裡汲水補充。

之後挖掘到的遺址也發現在西元前一五〇〇年左右時，埃及貴族的家裡配置了輸送冷熱水的銅管。這是在宗教儀式方面不可或缺的設備，因為聖職者們一天要洗四次澡，而且恐怕是冷水澡。

與此同時，有很長一段時間，猶太人都繼承了宗教方面的沐浴習慣。因為認為「肉體的清潔等同精神正常」，所以在大衛或所羅門治理的西元前一〇〇〇年到西元前九三〇年間，巴勒斯坦鋪設了精巧的水道設備。

古代羅馬人對泡澡的熱愛，比熱水還熱烈!?

西元前二世紀左右的羅馬人製造了大規模的公眾浴場，享受著優雅的生活。這些浴場也是社交場所，有庭園、商店或圖書室，連朗讀詩的休息室都有。

現在也還保留著卡拉卡拉浴場的遺址。這個浴場相當大，是由當時的皇帝卡拉卡拉下令建造的。在浴場裡可以享受健康與美容相關的許多服務。

例如，在這棟巨大建築物裡，有可以在身體上塗油去除髒污的房間，也有溫水、冷水浴槽跟桑拿室，也有洗髮、抹香膏、整理捲髮的區域和美甲區，甚至還有可以運動的房間。

人們在運動後洗去汗水，再保養頭部或手腳後，可以到圖書室裡享受閱讀樂趣，也可以去講堂談論哲學或藝術。

而這一座卡拉卡拉浴場一次最多可以有兩千五百人同時入場。

為什麼歐洲人不洗澡了？

西元五世紀左右，在羅馬滅亡後，歐洲進入了中世紀。大浴場被毀，雖然到了現代經過修復後成了觀光景點，但當時就連水道橋也被破壞得相當嚴重。那之後直到中世紀末，這段時間歐洲都喪失了入浴跟衛生的觀念。

這是爲什麼呢？

其中一個原因是基督教掌權並且政教合一，基督教的戒律對人類生活影響甚大，當時的基督教很嚴格，「所有肉體慾望都應盡量受到限制。全身浴需要在洗澡時脫光，讓肉體完全暴露出來，相當於委身誘惑，所以是罪孽深重的事。」這樣的教條幾乎擴散到了歐洲各處，因此差不多只有在洗禮時可以把全身泡入水中，那之後就不可以了。

如此一來，人們幾乎都不再清洗全身，所以身體非常臭，香水也因此變得發達，但當時能使用香水的只有有錢人。所有庶民的身體都各自散發著惡臭。

無論是公共浴場或自己家的浴室，由於人們不再洗澡，所以也就不打算在家裡設置浴室了。所以社會上的所有階級都理所當然地使用屋外的廁所、野外洞穴或糞溝、寢室用的便器。可以說基督教的嚴厲掐死了衛生觀念。

那之後的幾百年期間，生病變得稀鬆平常，許多村鎮都因傳染病而招致毀滅。其中西元一五〇〇年代發生了宗教改革，但並沒有改變無視衛生觀念這件事。

宗教改革後的基督教大致可分爲基督新教及天主教，但兩者都爭相主張自己的教派「更能克制慾望」，而且還都主張「洗澡相當罪孽深重」。

因此大多數的人們一生都沒有用肥皂或水清潔過肌膚，兩千年前古代羅馬帝國理所當然存在的先進入浴設備被打入冷宮，幾乎可說是不曾存在過。

凡爾賽宮裡沒有廁所!?

中世紀的歐洲，即使是在宮殿裡也是同樣的衛生狀態。當時法國雜誌就刊載了下述的報導。

「巴黎很可怕。路上散發可怕的惡臭，沒辦法外出。出門後路上有大量散發著惡臭的人們，或者就是惡臭本身。令人難以忍受。」

當時的排泄物是蓄積在瓶子裡的。

那要怎麼處理呢？

當時似乎也有專門處理的業者，但是付不起費用的家庭，竟然會在晚上趁著夜色從二樓等地方倒在路上。

十七世紀，凡爾賽宮建成。法國國王及其家族、王室貴族、大臣跟僕從約有三千人入住此處。

但凡爾賽宮的初期工程中就沒有規劃廁所或浴室、水管設備等。

因此，污物就累積在可以坐著，並且底下有盛接盤子的便座，但只有兩百到三百個，當舉辦來了幾千位客人的活動時，完全不夠用。所以到處都變成了排泄的地方。

凡爾賽宮雖然有著豪華的庭園，但這個庭園也淪爲排泄的場所。

當凡爾賽宮舉辦大型活動時，一部分的參加者會讓僕從準備好上廁所用的攜帶式「便盆」來參加，而便盆中的污物就會被僕從們倒在庭院裡。

管理庭園的園藝師自然感到生氣，他們豎起「禁止進入」的牌子，讓人不要進入庭園。而「禁止進入」的牌子用法文寫是「etiquette」，這個字據說後來就被廣泛應用於禮儀、規矩等意義。

穿高跟鞋背後的可怕真相是什麼？

中世紀的歐洲女性爲了到哪都可以上廁所，開始穿著寬大的裙子，但是街道被排泄物弄得泥濘不堪，如果穿低跟的鞋子，裙襬就會沾上穢物。爲了避免這種事，女性就開始穿著較高的鞋子，也就是高跟鞋。但是不是像現在這種只有鞋跟高的款式，必須從腳尖到鞋跟都要墊高才行。

另外，也有許多人會從建築物的二樓、三樓窗戶傾倒便器中的排泄物到路上，所以走在道路兩側就可能會噴到污物，所以男性會引導女性走在路的正中央。

就這樣，紳士讓淑女走在路中央成爲了習慣，這是個爲了不讓衣物沾到來自天上的污物，所以外頭罩著斗蓬的時代。

找出霍亂的原因了！天才醫師提出了什麼厲害假設？

不過糟糕的衛生狀況有所轉變了。這是因爲傳染病蔓延，死了很多人的關係。

有些傳染病被稱爲「水媒傳染病」。這種傳染病透過被病原微生物（細菌、病毒、原生動物類）污染的水來傳染。其中一種就是霍亂。霍亂在歷史上曾經引發大規模流行的疫情。

被霍亂患者的糞便污染的水或食物進入口中後就會遭到感染，引發強烈的腹瀉或嘔吐，是死亡率很高的疾病。

此外，現在流行的霍亂和十九世紀以前流行過，並死了很多人的霍亂是不同的類型，死亡率只有二％而已。

雖然後來由柯霍這位微生物學家發現傳染病的病原是霍亂弧菌，但在那之前的一八五五年，在還沒發現霍亂原因的時代，就有一位名爲約翰．斯諾的醫生依據前一年的調查結果發表論文，並看穿了水是傳染病發生的原因。

斯諾的功績可說是衛生化學這個研究領域的開端，衛生化學是爲了確保人類健康生活並預防疾病，探究食品及環境中所有物質和人類之間關聯的學問。

當時認爲霍亂的原因是來自糟糕的空氣「Miasma」（瘴氣），認爲人吸入了瘴氣後引發了疾病。Miasma 是希臘語的「不潔、污染」的意思。霍亂在歷史上曾流行過許多次，也死了很多人。

斯諾看穿了「霍亂不是瘴氣引起的，水裡的某種物質才是原因。」

他在倫敦霍亂大流行的時候，發現根據提供自來水的公司不同，霍亂死亡率有所差別。如果該公司的取水口在下游，很有可能因此提供了遭受污染的水，而喝了這些水的家庭的霍亂死亡率較高。

瘴氣這個說法就無法解釋爲什麼自來水公司不同會導致死亡率有差別。

斯諾醫生在一八五四年倫敦的布勞德大街流行霍亂時，一家一家拜訪有死者的家庭，詢問他們喝的水是來自哪裡，並在地圖上標示出分布圖。

如此一來，就發現死者幾乎都是布勞德大街中段公用抽水機附近的居民；另外，也有住在離抽水機很遠的人得到了霍亂，但發現是因為他們的小孩上的學校在抽水機附近，或是他們曾經去了那附近的餐廳或咖啡廳，死者都是喝了那個抽水機的水的人。因此斯諾取下抽水機把手並禁止使用，結果中止了霍亂的流行。

現在的學問領域中有「流行病學」這個領域，而斯諾正是實踐了流行病學，並揭露其重要性的人。

流行病學就是觀察人類群體，研究生病的人跟沒得病的人，各自的生活環境或生活習慣有什麼不同，並找出原因的學問。像是後來就發現肥料污水中混入了霍亂患者的糞便，污水池又離井很近，導致污水中的霍亂弧菌污染了井水。

柯霍報告「霍亂弧菌是霍亂的原因」時，大約已經是在斯諾醫生的發現的三十年後了。

「傳染病」使得上下水道開始發展？

到了十九世紀，發明了蒸氣幫浦、排水用的鑄鐵管（用鐵製成的水管），還有能透過砂之類來過濾水的淨水裝置，可以處理並供給乾淨的水，也就是整頓出了大規模的近代供水系統（上水道）條件。

水道可分爲上水道跟下水道兩種，能作爲飲用水的是上水道，而排放包含排泄物等污水就是下水道。

隨著工業革命持續發展，人口往都市集中，而結果就是衛生狀態惡化，使得霍亂及傷寒大流行，也因此讓當時的人們明白了淨化並提供飲用水的近代水道的重要性。

淨水方法是透過砂來過濾，在大池子中鋪上砂，然後以一天四～五公尺的速度加以過濾，砂裡住著許多微生物，會分解髒污。

世界最初的近代水道系統是由十八世紀英國的格拉斯哥及倫敦開始的，之後歐洲各城市也都鋪設了上水道或下水道。

東京或大阪的水為什麼變好喝了？

日本的水道建設是始於江戶時代，最有名的是神田上水及玉川上水，東京人應該都在小學時學過吧。

水經過淨水處理，再送到各個家庭或各種工廠，這樣的近代水道設施是從一八八七年開始的。一八八七年十月十七日，橫濱透過水道開始供水。那之後函館、長崎、大阪、東京、神戶等城市也接二連三開始供水。

會開始建設水道的背景是因爲水媒傳染病的蔓延。霍亂大流行也波及到了江戶，一八七七年以後又發生過好幾次，甚至有些年的死者超過了十萬人。因此供給不含病原菌的水給百姓就成了必要之事。

自來水的水源是以河川、水庫、湖水（以上爲地表水）、伏流水、井水（以上爲地下水）爲主，其中地表水佔了大部分。

自來水最重要的條件就是可以直接安心飲用的無菌水，因此要在淨水場將水源加以淨化、殺菌。

許多淨水廠進行的「快砂過濾法」如下。

首先讓較大顆粒在沉砂池中沉澱，並加入氯（前加氯處理）。前加氯所扮演的角色是氧化分解處理原水中的氨、錳或有機物。接著添加藥品使混濁物沉澱，再過濾原水。最後為了供水到各家庭的水龍頭時，還能好好殘留氯，會再次進行加氯消毒。

日本水道法規定了「加氯消毒處理時，要確保民宅水龍頭流出的水也能殘留一定程度的氯（每公升〇・一毫克以上）」。

過去日本人曾認為「自來水很難喝」，這是因為原水來自帶有髒污的河流，所以用快砂過濾法處理後，還是會留下很強的氯臭或黴菌臭。後來就停止使用前加氯處理，而改使用臭氧的「臭氧高級處理」了。

東京或大阪的自來水因為換成臭氧高級處理，所以水就戲劇化地變好喝了。

第3章

火

「大氣」和「空氣」有什麼不同？

「大氣」和「空氣」有什麼不同？

這章會討論「用火的技術跟燃燒」。要燃燒東西，不只需要火，也需要空氣。那麼，「大氣」和「空氣」有什麼不同呢？

地球上有大氣層，可以守護地球不受宇宙中的隕石或太陽的有害輻射線影響。大氣存在於地表開始起算的約五百～一千公里內，包含了最下方的對流層（從地面起算約八～十八公里），以及其上的平流層（地面起算約五十公里以內），還有更上面的中氣層、增溫層、外氣層。

最接近我們生活的，就是對流層跟平流層了。

對流層跟平流層的大氣，我們稱爲「空氣」。從地面開始往愈高處，空氣密度就愈小。密度是每單位體積相對的質量，所以空氣密度變小，也就是空氣變稀薄了。從地面起算約七公里的高度，空氣的密度會降到大約地表附近的二分之一。

大氣層的構造

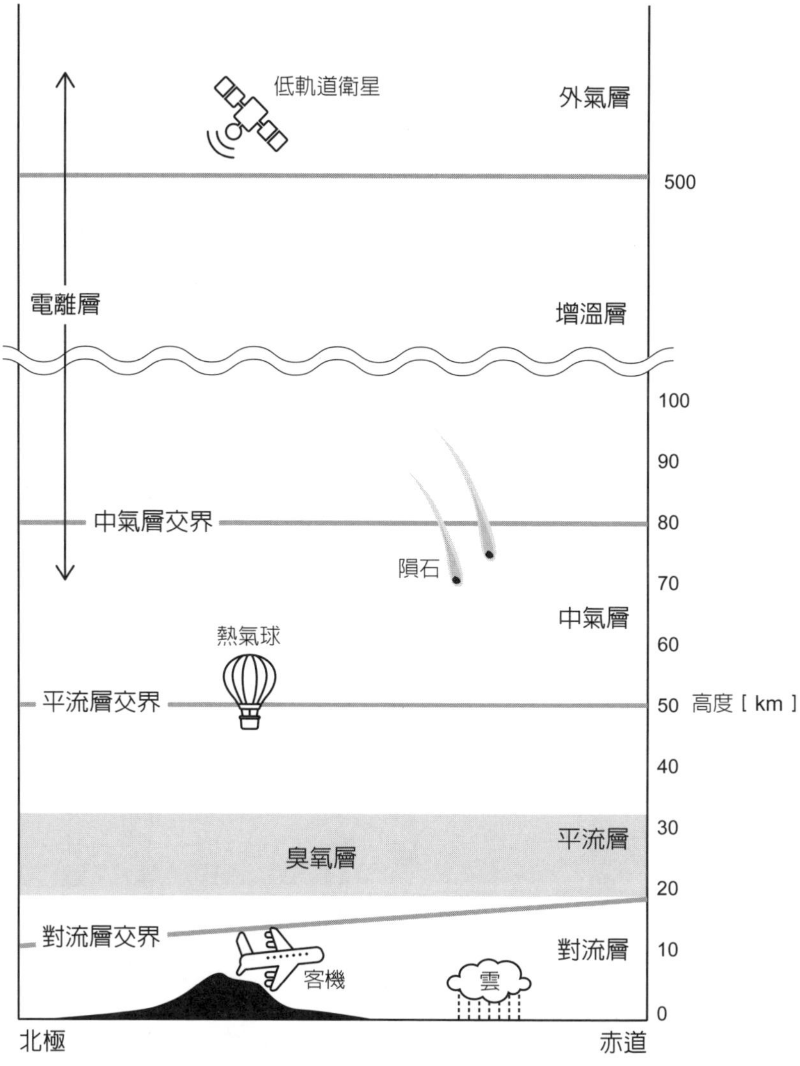

出處：參考「NASA-SP-367：Introduction to the aerodynamics of flight」，由SB Creative株式會社製作

我們就住在大氣層底部，也就是對流層的底部。

噴射機是在地表高度十公里（一萬公尺）附近的對流層飛行。其高度的空氣密度大約只有地面上的三十三．七％這麼低，但還勉強可以獲得引擎所需的氧氣，另外，因為空氣稀薄，所以抵抗力也小。此外，對流層會發生雲或雨等對流現象，而且對流層高度每升高一公里，氣溫就會降低攝氏六．五度。

平流層則因爲又暖又輕的空氣在上，又冷又重的空氣在下，所以不容易發生對流。而且平流層中有著可以吸收太陽光裡九十九％有害紫外線的臭氧層。

地表附近跟富士山上的「空氣成分比」相同嗎？

有趣的是，即使空氣變得稀薄，空氣組成成分（比例）還是不會變。只要在地球上，空氣成分比就幾乎相同。

空氣的成分中，如果乾燥空氣（不含水蒸氣的空氣）的體積比是氮約七十八％、氧約二十一％、這兩者佔了全體的九十九％。其他還有氬〇．九％、二氧化碳〇．〇四％等。

空氣成分比

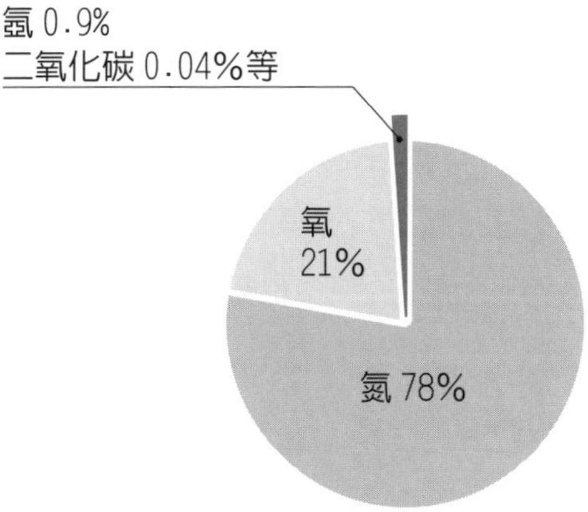

但是實際上細看後，依據場所跟季節也會多少產生變化。

例如，植物茂盛的場所像是森林、樹林，不同季節如夏天的光合作用就很興盛。光合作用興盛，氧氣量就會增加，二氧化碳的量也會減少。

之所以會用乾燥空氣來分析，是因爲空氣中含有水蒸氣，而水蒸氣的含量並不是固定的。例如一立方公尺的攝氏二十度的空氣中，最多可以有十七．三克的水蒸氣。而一立方公尺的攝氏三十度空氣中，最多可以有三十．四克的水蒸氣。溫度愈高的空氣就含有愈多的水蒸氣。

含有最大程度水蒸氣的空氣，其相對濕度是一〇〇％。而這個的一半就是相對濕度的五〇％。

空氣中有名為「懶人」的空氣成分!?

空氣跟生物的呼吸和植物的光合作用息息相關，另外也跟物體燃燒、金屬生鏽等物質變化有關。

空氣的各個成分，性質都不太一樣。

【氧】容易和其他物質發生反應（氧化力）。生物呼吸或物體燃燒所不可或缺的氣體，能少許溶解於水，所以魚之類的生物才可以生活在水裡。也用在氧氣治療等醫療用途，或是焊接鐵板等方面。

構成平流層中臭氧層的「臭氧」，是三個氧原子結合在一起的分子。臭氧分子比起兩個氧原子結合成的氧氣，氧化力更高，所以高濃度的臭氧對人體或生物是有害的。

【氮】性質上不容易和其他物質產生反應。食品容易因爲氧而變質，所以爲了防止變質，也會在裝入食品的容器中塡充氮氣。

高溫會讓氮跟氧原子結合，形成一氧化氮或二氧化氮等氮氧化物，這對人體是有害的。

【二氧化碳】光合作用的原料。植物會利用陽光的能量來進行光合作用，用水跟二氧化碳來製造出澱粉等物質並成長。

空氣中的二氧化碳除了來自生物的呼吸，也會透過火山噴發、石油、石炭或天然瓦斯、木材燃燒等種種途徑，排放到空氣中。

【氬】不會跟其他物質發生反應的氣體，因此在空氣中並不起眼，在一八九四年才終於被發現。因爲不會發生反應，所以就用希臘文的「懶人」來命名（惰性氣體）。

氬、氖、氦又被稱爲貴氣體，過去也稱爲稀有氣體。不過，像是氬在大氣中含量很豐富，其實並不能全都稱爲「稀有氣體」。另外，這些氣體在英語被稱爲「（不會跟其他元素反應的）高貴元素」，所以過去使用的「稀有氣體」就稱爲「貴氣體」了。※編註：台灣主要稱呼爲「惰性氣體」。

空氣分子的運動

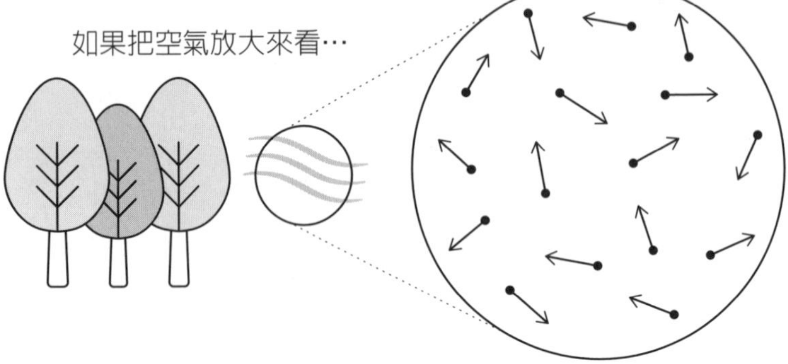

要是把空氣逐漸放大的話，會看見什麼景象呢？

把空氣放大約一億倍看看，如此一來會看見有直徑一～二公分的數種分子以非常快的速度亂跑，互相衝撞。

攝氏二十度左右的氧分子會以接近秒速五百公尺的速度運動。

氣體其實就是分子一個一個各自分散來亂飛的狀態，我都會告訴中學生們「氣體分子東一個西一個噴來噴去」。

為什麼只有人類擁有「生火技術」呢？

一般認爲人類歷史大約是從七百萬年前

開始的。

非常粗略的時代區分如下。

- 約七百萬年前～ 人猿時代
- 約四百萬年前～ 南猿時代
- 約兩百萬年前～ 直立人時代

直立人誕生於非洲。因大腦變大，智能開始發育。直立人開始製作正式的工具，最初是吃腐肉，但後來開始積極進行狩獵。

- 約六十萬年前～ 早期智人時代

早期智人於非洲誕生。透過手、腦、工具的相乘作用來生活，大腦發育得更大，盛行狩獵中、大型動物。

• 約二十萬年前～　晚期智人時代（至今）

智人於非洲誕生。

• 約六萬年前～

智人（一部分跟早期智人混血）從非洲開始擴散到全世界。

• 約一萬年前～

開始進行農耕、畜牧。

像這樣將人猿、南猿、直立人、早期智人、晚期智人等用詞一字排開來看，可能會覺得像是早期智人進化爲晚期智人之類的，但並不是這樣的。

人類演化的路徑並非一直線，而是分岔成許多種類，各自此消彼長，當中也有現今絕種的種類，相當複雜。

但是因爲人猿、南猿、直立人、早期智人、晚期智人這樣的用語比較方便表示演化程度（等級），所以日本經常這麼稱呼。

人類的祖先是在森林中生活的猿類的同類，其特徵是後來降到地面上，直立用兩腳步行。因為兩隻前腳獲得了解放，所以就能用前腳使用工具了。工具是木頭或石頭這類天然材料，也會「為了製作工具」而製作工具。

黑猩猩等動物也會使用工具，但沒有其他動物會「為了製作工具而製作工具」。

人類跟其他動物還有很大的不同點是學會了用火。

目前還不清楚人類從何時開始、如何學會用火，可能是從火山噴發或落雷引發的森林火災等取得火種，然後學會應用火了也說不定。

考古學上發現了好幾處可能證明人類會使用火的遺跡。例如在南非的斯瓦特科蘭斯洞窟發現了約一百五十萬～一百萬年前燃燒後的骨頭，還有在肯亞的契索旺加（Chesowanja）遺跡等地方，找到可能是被篝火的高溫加熱過的石頭。這些屬於直立人時代的產物，恐怕他們取得製作工具技術的同時，也學會了用火吧。

要說發現很多使用火的明確證據，是在早期智人尼安德塔人的遺跡。但是尼安德塔人到底是從大自然取得火種，還是擁有生火技術？獲得的是怎麼樣的技術呢？這些事至今尚未明朗。

而要等到發現十二萬五千年前的非洲遺址，才能找到火被廣泛應用於日常的證據。那時的人類已經擁有了生火的技術。

普通動物會害怕火，但人類會接近被野火引燃的草或樹木，可能就像不知恐懼爲何物、充滿好奇心的小孩會接近火、玩火。玩火雖然感覺是相當強烈的字眼，但人類到達可以像玩樂一樣用火的階段，也使得後來技術進步到可以經常使用火的程度了吧。

一開始，火種可能是自然燃燒產生的，但之後人類不需要天然火種也能點燃火了，這就是生火技術。

雖然一般覺得應該是用易著火的木頭相互磨擦來點火，但因爲木頭不容易留下痕跡，所以沒有挖到很多史料。

在人類演化的初期階段學會如何控制火，這對人類的演化來說非常重要。

人類最初學會的化學變化？

擁有控制火的技術後，人類就可以點燈、取暖、料理。

除了人類，沒有其他動物會用火煮飯吧？

燃燒東西，也就是燃燒反應，這就是人類所知的最古老、也是最重要的化學變化。

火也可以用於保護自己不受猛獸侵害。還可以利用火製作土器或陶瓷器，也能從鐵礦砂或鐵礦石中提煉出鐵來，這些都是從用火技術延伸出來的。

來整理一下取得用火技術後發生的事吧。

①　飲食生活的變化

用火烤過後，至今人類無法直接生食的魚貝類、草木的根、塊莖等就能成爲食材。

另外用火烤也能讓食物得以保存，可以不用每天都去找尋食材也沒關係。

②　棲地擴大

因爲比較容易取得食物，也能取暖了，人類的居住地從河川或海岸沿岸開始擴大。

③ 發明新工具

爲了有效利用熱能，人類做出許多工具。一開始做出的就是「灶」。最初是石頭製的，接著有挖掘地面製成的，還有利用黏土打造的，爾後又做出了能燒出高溫的爐。另外，爲了輸送空氣，還進化出像是扇子一樣的風箱，能讓火焰溫度升得更高，而使用這個火炎就能從礦石中提煉出金屬。

④ 爲了用火而發明工具

使用火焰就能打造出煮東西的容器，一開始是做出能耐高溫的土器，後來進化成塗上釉藥的陶器。

在人類開始用火前，是用大自然的產物當工具。例如，把動物的骨頭當作棍棒，切割小石片作爲刀刃使用等。這些物質即使形狀改變，骨頭也還是骨頭，石頭還是石頭，並沒有發生性質變化。但是利用火後，可以一邊使用自然界的材料，同時也透過性質變化，做出大自然幾乎不會自然出現的物質。像這種物質變化就是化學變化，可以說人類透過用火而能引發化學變化了。

因此，可以說火帶給了人類生活決定性的改變。

燃燒的物質是由灰跟「燃素」所形成的!?

人類花了很長時間，才弄懂燃燒相關的學問。雖然知道火很重要，但是古代希臘哲學家卻很煩惱這個問題。

他們從本質上產生疑問：「到底所有物質是由什麼構成的？」

直到中世紀、近代為止，最具影響力的想法是四元素論，這是指「所有東西都是由火、空氣、水、土四種元素所組成」。其中也包含了火。

那麼火到底是什麼東西呢？能燃燒跟不能燃燒的東西有什麼不同呢？學者思考了各種像這樣的問題。

到了十八世紀初，德國的史塔爾提倡「燃燒的物質是由灰跟燃素所組成，物質會

燃燒的燃素說

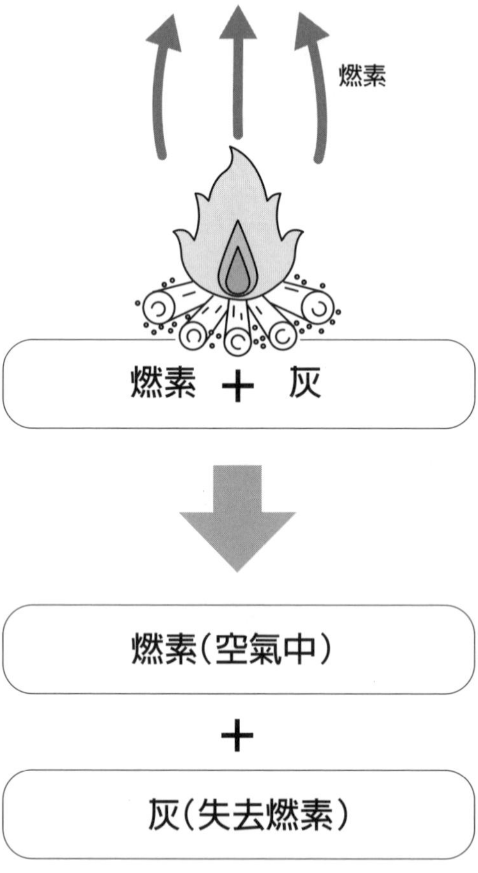

燃燒，是因為燃素被釋放出來」。這又被稱為「燃素說」，但應該很少在學校裡學到。

大家想像看看，「有一根蠟燭正在燃燒，蠟燭會漸漸變小，這時蠟燭的火焰會放出燃素，所以蠟燭才變小的」，這個思考方式就是燃素說。

但是，這個說法會產生一個本質上的問題。

我們也知道金屬會燃燒，例如，把鐵弄成小小的碎片就會燃燒，也就是鋼絲絨。如果把鋼絲絨解開來並點火，它就會燒起來，也有許多其他金屬可以燃燒，但測量燒完後的質量，竟然比燒之前還要重。

我們現在知道鐵跟氧會結合而成為氧化鐵，氧則會使金屬變重，但當時提倡燃素說，所以也有人甚至認為「燃素具有負質量」。

直到十八世紀末為止，燃素說都持續對化學界有很大的影響。

發現氧的是誰？

很長一段時間裡，人類都認為空氣中只有一個種類的物質，是一種單一物質。

但是，例如在十六世紀，以畫家、雕刻家聞名的義大利人李奧那多・達文西，就發現火焰在空氣中會持續燃燒，而空氣中有讓動物得以呼吸的成分，但在火焰熄滅後，動物就無法在那樣的空氣中繼續呼吸。

到了十八世紀後半，人們發現了許多氣體，也興起空氣性質的相關研究。

一七五六年，布拉克發現加熱石灰石（碳酸鈣）會產生生石灰（氧化鈣），並放出氣體。他將這種氣體稱爲石灰石中的「固定氣體」。

用現在的化學知識來解釋，這就是碳酸鈣 $CaCO_3$ 分解爲氧化鈣 CaO 及二氧化碳 CO_2 的化學變化（化學反應）。

發現二氧化碳之後，也陸續發現了氫、氮、氧化氮、氨、氯化氫等氣體。

氣體化學的研究巔峰就是席勒和普里斯利發現了氧。兩人是各自發現氧氣的。

一七七二年左右，瑞典的席勒加熱氧化汞，發現能讓蠟燭燃燒得比平常旺的氣體，他在一七七五年將之稱爲「火的空氣」。

一七七四年，英國的普里斯利透過加熱氧化汞，發現能幫助燃燒跟呼吸的氣體，稱爲「脫燃素氣體」。

氧化汞透過加熱就能簡單分解，得到汞跟氧氣，此外，在空氣中加熱水銀的話，就能讓水銀的表面產生氧化汞，氧化汞在鍊金術師之間是經常使用的物質。

近代化學之父拉瓦節命名了氧氣？

有「近代化學之父」之稱的拉瓦節，他將席勒發現的「火的空氣」、普里斯利發現的「脫燃素氣體」命名爲「氧」，並確立了「燃燒時就是可燃物質跟氧氣結合」的燃燒理論。

拉瓦節進一步細究物體燃燒以及質量的變化，主張「燃燒不是物體釋放出燃素，而是跟氧結合了」。

燃素說因爲他的主張而逐漸走向勢微，人們也明白了「物體燃燒是因爲被燃燒的物質跟氧氣發生了化學變化」。現在的化學將之定義爲「物質會放出熱或光，並與氧氣發生激烈反應，稱爲燃燒」。

拉瓦節的其他貢獻還有發表包含三十三種元素的元素表，並把元素定義爲「無法再以化學方法分解得更細的基本成分」，並以科學方法命名物質（命名法），建構了化學的基礎。化學就這樣確實地成了自然科學的一員。

近代化學就是這樣被建立起來的。

「燃燒三要素」是什麼？

首先必須要有燃料（可燃物），接著是和可燃物反應的氧氣。但是只有可燃物質跟氧氣，是不會發生燃燒的。還要達到一定溫度以上才會開始燃燒。

整理起來，物質要燃燒必須達到三個條件。

①燃料（可燃物）

②氧氣

③達到一定以上的溫度（發火溫度或引火溫度）

物質要著火的最低溫度稱爲「發火溫度（發火點）」，這就是物質放在空氣中，漸漸提高溫度後就會自燃起來的溫度。

要是靠近火源時物質著火，就叫做「引火」，發生引火的最低溫度稱爲「引火溫度（引火點）」。

煤油暖爐使用的燈油，引火點比常溫還高，所以只有芯會燃燒，可以安全使用。但是汽油的引火點低，所以要是不小心誤把汽油加入煤油暖爐中點火，那就不只芯燃燒了，連汽油本體都會一起燒起來，非常危險。

炸天婦羅的溫度最高可達一百八十度，炸天婦羅的油的引火點約二百五十度以上，發火點約三百六十～三百八十度，所以約一百八十度不會超過引火點或發火點。

但是如果不注意爐子的話，炸天婦羅的油溫度高到冒出煙就會引火。

我們日常周圍的可燃物質和氧氣非常豐沛，爲了預防火災必須「小心用火」，注意不要達到發火點或引火點，要謹慎處理火種才行。

第4章

金屬

小魚裡沒有含鈣!?

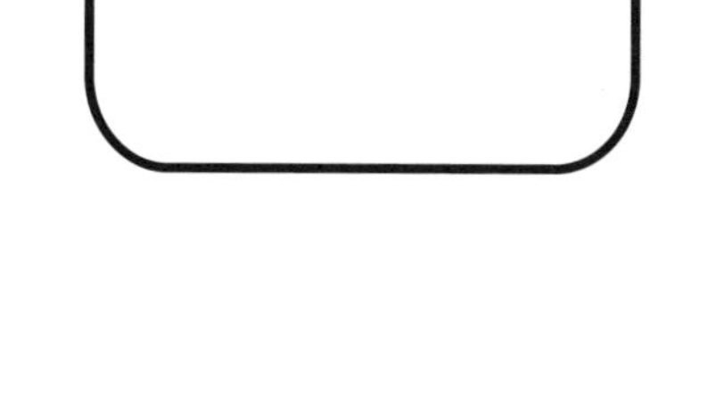

鈣是什麼顏色？

如果問「鈣是什麼顏色？」會有很多人回答「白色」。這應該是因爲比較少看到純鈣（又稱金屬鈣），平常都是看到鈣的化合物吧。

鈣本身是鹼土金屬的銀色。

另一方面，碳酸鈣（石灰岩、蛋殼或貝殼成分）、氫氧化鈣（熟石灰，水溶液爲石灰水）、氧化鈣（生石灰）等，鈣的化合物都是白色的。

鈉或鉀都是銀色的柔軟金屬，爲了不接觸到空氣中的氧或水分，要保存在燈油中。要是丟進水裡會發生劇烈反應。

但無論是鈉或鉀，在自然界中都是以化合物方式存在，這些元素跟其他元素會形成很強的化學鍵，沒辦法輕易分離。另外，即使分離出來，也會跟空氣中的氧或水反應，所以很難作爲材料來利用。

鈣、鈉、鉀這幾種元素如果不是在化學課上看過的話，我們在日常中應該不容易見到吧。

我在化學課時給學生看了鋰、鈉、鉀、鎂、鈣、鋇等。

舉例來說，米粒大的鈣或鈉丟進水中後，會跟水發生反應，然後一面噴出氫氣一面在水面上亂跑。鉀也同樣會跟水發生反應並噴出氫氣，並在燃燒紫色火焰的同時，在水面上跑來跑去。

而鋇又是如何呢？

鋇跟鈣一樣是鹼土金屬，本身是銀色的。放進水裡後會跟水發生反應，噴出氫氣。

小魚裡沒有含鈣!?

元素名有時是拿來稱呼元素本身，但也有時也會拿來代稱化合物。

例如，我們來思考一下「小魚裡有豐富的鈣」這句話吧。

小魚連骨頭都能食用，所以可以攝取到骨頭中的鈣，對吧？

但是鈣本身是銀色，碰到水後會噴出氫氣並溶解，所以小魚中含有的鈣並非純鈣。

實際上魚骨中含有的是鈣跟磷、氧的化合物（磷酸鈣），主要元素是鈣，所以就說是「含鈣」了。

鋇也一樣，「照胃的 X 光檢查時要喝鋇劑」，如果這時喝的是純鋇，那就會是銀色金屬，並且跟鈣一樣，碰到水就會放出氫氣並溶解，而且還會產生氫氧化鋇，要是被人體吸收會產生毒性。

實際上我們在進行胃 X 光檢查時喝的「鋇劑」是硫酸鋇，硫酸鋇是白色的且不溶於水。因爲無法溶於水，所以只是粉末跟水混在一起而已，然後變成乳劑，不會被人體吸收。硫酸鋇的核心元素是鋇，所以這個藥劑被稱爲「鋇劑」。

元素名的用法就像這樣標準相當模糊，所以說「氧」的時候，到底指的是元素的氧氣，還是跟單體氣體不同的臭氧呢？還是氧分子呢？或是氧原子呢？這些都只能用上下文來推測。

金屬三大特徵

①金屬光澤　②導電、導熱性良好　③延性、展性

（打磨後）會發光　易傳導電跟熱　可變薄、伸長

金屬究竟是怎樣的東西？

元素現在整合成了元素週期表。

現在元素有一百一十八種，自然界天然存在的元素只到原子序九十二的鈾爲止。

雖然是在原子序九十二以內，原子序四十三的鎝、原子序六十一的鉕一開始是被人工合成出來的元素，但後來也發現存在於自然界。

天然存在的元素有九十二種，其中七十種是金屬元素，二十二種是非金屬元素。金屬元素的比例佔了七十六％。

純金屬元素組成的金屬有以下的共通特徵。

①金屬光澤

②導電、導熱性良好（容易傳導電跟熱）

③展性（敲打後會變成板狀薄片延展開來）、延性（拉了會伸長）

非金屬則沒有這些共同特徵。

金屬光澤通常是銀色、金色的特殊光澤。

金屬顏色中也有像金的金色或銅帶紅的紅金色，還有鐵、鋁等銀色，不是只有一種顏色。但新的金屬（打磨後）會特別閃亮，擁有金屬光澤。金屬光澤除了金或銅以外都是銀色。

金屬會看起來閃耀著光澤，是因爲比其他東西都更能反射光線，金屬表面如果經過打磨，光看就能知道「這是金屬」。

而「只要有金屬光澤的物質就很容易導電」，這點只要拿起電池跟小燈泡組成的簡單道具就能測試出來。

展性、延性則是指被敲打後也不會粉碎的性質。

到了令和時代（現今）也還是「鐵器時代」!?

除了石材、木材、紙、竹、皮革等天然材料以外，金屬也是人類自古以來就使用的材料。

在材料的世界中，金屬可以說是最爲重要的吧。

現代文明可說是鐵器時代的延伸，以鋼鐵爲中心，還會使用非鐵金屬、輕金屬等各式各樣的金屬。另外，也有很多兩種以上的金屬混合出來的合金。

我們來看看身邊常見的金屬吧。

【鐵】從建築材料到日用品，最被廣泛利用的材料之王。鐵可成爲擁有優秀特性的合金材料，這也是鐵用途廣泛的理由之一。含碳量〇・〇四％～一・七％間的鐵稱爲「鋼」，用於強韌的鋼骨或鐵軌等。

【鋁】重量輕，易加工也具有耐腐蝕性，所以用於車體、建築物、罐子、電腦或家電製品的外殼等，有很多用途。鋁具有耐腐蝕性，是因爲在空氣中表面會氧化，氧化鋁形成的緻密薄膜會保護內部，另外，也可以透過耐酸鋁（alumite）加工（又稱陽極處理），人工增厚氧化薄膜來提高耐腐蝕性（用於鍋子等容器或鋁門窗等建築材料）。

【銅】帶紅色的柔軟金屬，導熱、導電性良好，因此廣泛用於電線等電工材料。

【鋅】繼鐵、鋁、銅之後第四種常用的金屬。便宜又有高度防腐蝕功能，所以可作爲鐵的防生鏽鍍層。白鐵皮指的就是在鐵板外鍍一層鋅，鋅比鐵更容易腐蝕（編註：可代替鐵被腐蝕），鍍在外側可以保護本體的鐵，主要用於製造汽車，但也廣泛利用在屋頂、雨水排水管等地方。另外也會作爲錳電池、鹼性電池等的負極材料。

【鎳】用於不鏽鋼材料，鐵、鎳、鉻都是具有強磁性（普通磁鐵也會附著）的金屬。

【鈦】輕且堅固，不易生鏽，碰到肌膚也不易引起過敏，對藥品或海邊的鹽分也有耐腐蝕性，經常應用於化學工廠、海水相關領域，另外，高爾夫球桿頭、眼鏡、時鐘等也會使用。

人類是怎麼從石器時代過渡到青銅器時代的？

人類一開始爲了製作工具而使用的金屬有：自然金、自然銀、自然銅，還有來自宇宙的隕鐵。將這些金屬塊敲打後變形，製作成裝飾品或工具等。

然後讓礦石進行還原反應，精煉出金屬，就能製造青銅器或鐵器。青銅器等金屬器比石器堅硬且堅固，可以做成各種形狀，因此取代了石器。

多數情況下，金屬會以氧的化合物（氧化物）或以硫黃的化合物（硫化物）的方式產出，銅、鐵、鉛、錫比較容易從這些化合物中被提煉出來。

古代社會最早開始使用的是自然狀態下直接以金屬形式存在的金及銅。

西元前三〇〇〇年前左右，克里特島的克諾索斯宮殿就使用了銅。西元前二五〇〇年左右的埃及孟菲斯神殿也使用了銅製的水管。

後來人類學會用木炭等物和礦石混合加熱，獲得煉出金屬的技術。這是用火技術的實際應用，並正式將化學反應應用在生產技術上的手法。

上古時代開始就爲人類所知的金屬有：金、銅、銀、錫、鉛、鐵、水銀。鍊金術的時代也發現了鋅。

如前所述，人類最早使用的金屬是來自宇宙的隕鐵，以及自然以金屬狀態存在的自然金、自然銀、自然銅還有自然水銀。

這些幾乎都沒被做成工具，而是當成裝飾品或食器來使用。

後來人類做出了青銅，青銅是有九〇%銅跟一〇%錫的合金，根據混合比例，會使硬度跟成色有所不同。

青銅雖然寫成青色的銅，不過並不一定是青色的。也有銀色跟偏黃色等許多顏色的青銅。

此外，青銅比銅硬很多，所以可以做出功能很好的工具。

像農業用的鍬、鋤，同時也被廣泛應用在刀或槍等武器的材料上。

青銅是從古代就爲人類所熟知的金屬銅跟錫融合在一起的合金，用比銅更低的溫度就能融化，所以可以加工成各種形狀。實際上好像是把銅礦石跟錫礦石用適當比例混合後，透過木炭進行還原反應並提煉出來的。

青銅器時代是大約西元前三〇〇〇年前到西元前二〇〇〇年左右，從美索不達米亞文明開始，在中國是商周時期。

之後鐵器時代到來，農具或武器變成了鐵器，但青銅器也持續使用，並隨著火藥發明，青銅也用於大砲等的材料上。

製鐵是從什麼時代開始？

一般說法，製鐵的起源是在西元前十五世紀左右，存在於現今土耳其一部分領土上的西臺帝國。據說西臺帝國可以製作出鐵製武器跟戰車，所以對周邊國家有壓倒性優越的戰鬥力。

但現在這個說法受到了挑戰。

根據日本調查團的研究發現，在被視為是西臺帝國的遺址中，從早於一千年左右的地層中發現了「製鐵的證據」。我們可以透過結晶形狀，區分出由鐵礦石製作的鐵，以及由隕鐵製作出的鐵。而日本的調查團分析從遺跡中發現的鐵後，得知原料並非隕鐵，也就是說調查團發現的鐵是人類所製造的。

因此，人類製鐵的歷史恐怕可以追溯到更久遠的年代。

出現在《魔法公主》裡的吹踏鞴是什麼？

日本也發展了自己的製鐵技術。那就是「吹踏鞴」。

吹踏鞴製鐵是指在爐內放入原料跟木炭並點火，並以「鞴」送風來提升火力的精煉方法。

宮崎駿導演的動畫電影《魔法公主》是以中世紀（日本室町時代）一個日本的打鐵村爲舞台，電影中描繪很有氣勢的女性們在踩踏板的場景，那個踏板就是往煉鐵爐裡輸送空氣的「鞴」。這實際上是非常辛苦的重體力勞動工作，應該不會由女性來做，但還是活靈活現地畫出了「吹踏鞴」的樣子。

「吹踏鞴」是指爐裡交互置入鐵礦砂跟木炭。鐵礦砂是由鐵跟氧結合而成，鐵礦

吹踏鞴的機制

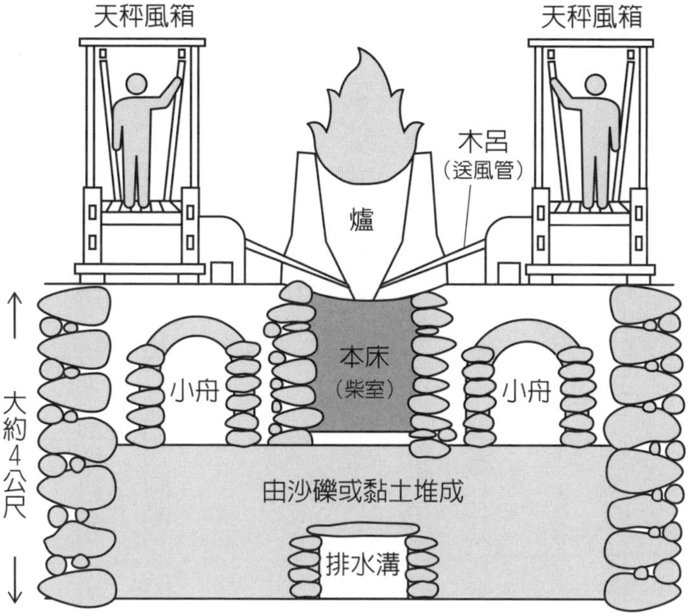

出處：參考自和鋼博物館網頁，由SB Creative株式會社製作

砂跟木炭交互堆疊後，點火就會產生反應，這時再送入空氣。

鐵本身雖然沒達到會融化的溫度，但鐵礦砂中的氧氣會被排出，留下的鐵則相互連結，變成硬梆梆像海綿狀的鐵塊。敲打像這樣製成的鐵塊，就可以打造出各種鐵製工具，這就是吹踏鞴的基本原理。

明治時代開始出現公營的八幡製鐵所，這類近代製鐵廠擁有大型熔鐵爐，所以吹踏鞴就漸漸勢微了。

但吹踏鞴的厲害之處，就在於被做出的鐵塊中會有部分被稱爲「玉鋼」，如果鍛造這個玉鋼，就可以打造出日本美妙的技術結晶「日本刀」。

但如果沒了吹踏鞴，日本刀原料的玉鋼也會跟著消失，所以現在雖然改用機械力量送風，但基本上還是用和以前相同的吹踏鞴製法，來打造出鍛冶日本刀用的玉鋼。

生產鐵使森林消失了!?

鐵一般是用木炭和鐵礦石提煉出來的。十七世紀，工業革命初期的英國爲了製造大量的鐵，需要用到大量木炭。樹木因此被過度砍伐，導致森林消失了。

後來人們試著改用煤炭來代替木炭，透過蒸烤煤炭來加工後，炭中含有的雜質因此消失，煉成了含碳量高、名爲焦炭的堅硬物質。使用焦炭可以獲得比木炭更高的溫度，而在高溫下進行反應的話，就會得到融化狀態的鐵。

此時最初打造出來的是生鐵。生鐵易熔，容易鑄造。因此生鐵也被稱爲鑄鐵。敲打生鐵，排除雜質後，就能得到熟鐵。

熟鐵硬且堅固，但也比較脆。

為什麼鐵可以大量生產了呢？

特別是工業革命以來，誕生了很多大型機械，就連過去使用木頭製作用來織布的紡織機，也逐漸機械化。再加上蒸汽機的發明，也帶動了蒸汽火車、蒸汽船的誕生，引發了交通革命。

像這樣引起工業革命後，接著又產生了「能不能打造品質更好的鐵，更堅固、堅硬，然後又可以大量生產」的需求。

接著，人們也開始追求同時兼具生鐵跟熟鐵的優點，又硬又有韌性且堅固的鐵。這就是鋼、也就是鋼鐵。鋼鐵含碳率低（〇．〇四％～一．七％），所以必須讓生鐵（含碳量四％～五％）排出碳才行。

一八五六年，名叫貝塞麥的英國人發明了轉爐煉鋼法。轉爐的意思是可以把生鐵轉換成鋼鐵的爐。融化的生鐵可以大量生產出鋼鐵，讓鋼鐵的價格變得更便宜。

把融化的生鐵放入轉爐中並送入空氣，雜質的矽就會跟氧發生反應而燃燒，產生很大的火焰。持續一小段時間後，換成碳開始猛烈燃燒。生鐵中含有的碳跟送入的空氣中的氧發生反應後，經過三十分鐘，碳就會減少很多，等到反應結束就會成為鋼鐵。

現在的製鋼過程中，會把鐵礦石、焦炭、石灰石放入熔鐵爐（高爐），將熱空氣從爐下方送入，然後焦炭就會燃燒產生高溫，鐵礦石主要會透過一氧化碳產生氧化還原反應，還原變成鐵。

貝塞麥所開發的轉爐是送入普通空氣，但現在的轉爐送的不是空氣而是氧氣。

鋼鐵可以用於製造車廂、發動機、橋樑，還有戰爭武器如大砲，以及下章會提及的鋼筋混凝土、鋼骨等，用於各種地方。

日本鋼鐵業界的全國組織，也就是一般社團法人日本鋼鐵聯盟，目標是削減製鐵工程中的二氧化碳排出量。爲此他們以二〇三〇年左右落實爲目標，不使用焦炭、而改用氫來還原鐵礦石，努力挑戰開發「氫基還原低碳煉鋼」。

人類的夢想，「不生鏽的鐵」是如何誕生的？

在某些金屬中加入其他金屬元素、或是添加碳、硼等非金屬元素，融合後就稱爲「合金」。

做成合金後，有時會得出和各個原料金屬完全不一樣的性質。不只不易生鏽，還很強韌、容易加工，具有強磁性等，可以打造出具有全新優點的金屬材料。

以下，我們就介紹不鏽鋼作爲合金的例子吧。

製造出不會生鏽的鐵是人類長年的夢想。而實現這個夢想的就是十九世紀末出現的，不用經過特別處理也不太會生鏽的不鏽鋼（Stainless steel）。「Stain」是指「髒污、生鏽」、「less」則是「沒有」的意思。

不鏽鋼是將鉻和鎳加入鐵中的合金，不鏽鋼之所以不易鏽蝕，是因爲受到非常緊密的氧化薄膜，也就是被鏽給保護住了。

直到二十世紀初爲止，刀子、叉子、湯匙一直都是家務的煩惱來源。鋼鐵製的餐具會失去光輝或是生鏽，所以需要用軟木或拋光粉讓它恢復光澤，或是得用鋼絲絨來打磨。而解決這個煩惱的就是不鏽鋼。

不鏽鋼在一九二一年投入應用生產。第一把不鏽鋼刀被製造出來，宣傳詞是「不變色！不生鏽！不是鍍金，所以不會剝落——不鏽鋼從外到內都閃亮亮！」

日本在一九五六年時，在集合住宅的廚房裡使用了不鏽鋼流理台，不鏽鋼這才普及到一般家庭。

第5章

陶瓷

燃燒黏土後，為什麼會變成堅硬的土器呢？

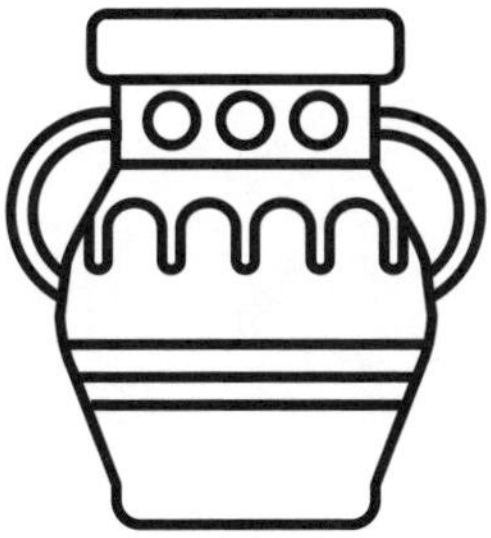

「陶瓷」是什麼？

現在所謂的三大素材是以下這些材料。

① 以鐵爲代表的金屬

② 陶瓷（燒製品）

③ 塑膠等高分子

陶瓷包括陶瓷器、瓷磚、磚塊及瓦片、水泥、玻璃等，將天然礦物的石頭或黏土塑形，再用窯高溫燒製的所有製品。

陶瓷製造業，因爲會使用窯，所以也稱爲「窯業」。

陶瓷有不會生鏽、耐熱、堅硬、可以做成想要的形狀，不會被藥品侵蝕等性質，可以製造出許多產品。

繩文土器是日本最早的陶瓷!?

日本的陶瓷歷史是從繩文土器開始。

現在日本最古老的土器是從青森縣大平山元Ⅰ遺跡出土，大約一萬六千年前的土器碎片。這個土器上沒有圖案，原本的形狀也不明，但被視爲繩文土器。

用碳十四定年法測定附著在土器上的碳化物（燒焦或煤煙），這種最新方法即使只有一點點樣本也可以測出年代，結果最古老的土器就是約一萬六千五百年前，其他大約是一萬五千五百年前，這是最近的新消息。

關於繩文時代的開始有各種說法，即使繩文時代一開始就有土器出現，最早也是約一萬六千五百年前，然後在繩文時代結束時，開始出現水田稻作（距今約三千年前），也就是繩文時代約持續了一萬三千年。

燒製黏土後，為什麼會成為硬土器？

土器主要是由顆粒非常細的土，也就是黏土所做的。黏土加水揉製後會產生適當的黏性，可以做成各種形狀。然後用火烤後黏土的一部分就會融化，粒子之間會黏著在一起變硬。

黏土本來就是岩石被侵蝕或風化後變細的產物，成分物質最多的是二氧化矽，跟鑽石一樣是無機高分子，這些物質會由原子間的共價鍵結合成一個巨大分子。

就以鑽石爲例來說明吧。

鑽石是由碳原子所構成，碳原子會像金字塔那樣往四個方向伸出化學鍵，互相緊密連結。像碳原子這樣跟其他原子間有四條鍵連結的，在化學上稱爲「原子價4」。

鑽石是一個碳原子的周圍再配置四個碳原子，擁有非常規則的結晶結構。這個形狀也是鑽石爲什麼堅硬的理由。

鑽石是自然界最硬的物質，但也有脆弱的特性。如果把鑽石固定起來敲擊，就會碎成碎片。根據方向可以很容易碎裂，也容易磨損，所以可以用鑽石粉來削磨、修整東西的形狀。

岩石的主要成分是矽跟氧。岩石是由礦物組成，代表性礦物爲石英（二氧化矽），而

共價鍵結晶代表
鑽石及二氧化矽

鑽石

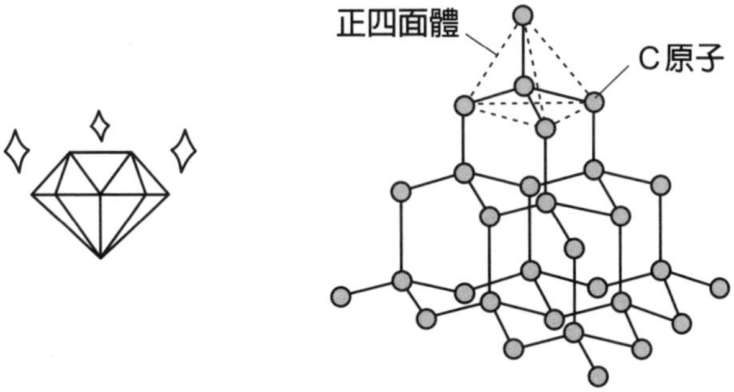

所有碳原子（C）都有用四條鍵進行連結的構造。

二氧化矽

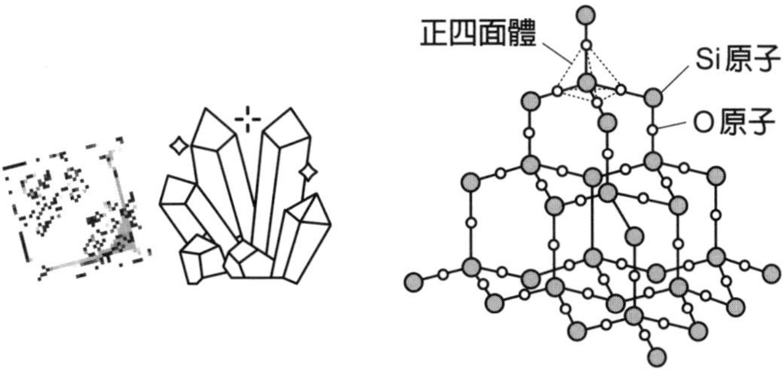

矽（Si）原子用來連結的鍵有四條，氧（O）原子有兩條，Si–Si 之間加入 O 並形成鑽石型的構造。

石英之中擁有漂亮結晶形狀的，又被稱爲水晶。

二氧化矽的矽原子有四條連結的鍵，會跟有雙鍵的氧原子形成堅固的共價鍵，變成一個巨大的分子。

像這樣的結晶就稱爲「共價網狀固體」或「共價晶體」。黏土本身就像鑽石那樣，是二氧化矽的共價晶體，用火燒製後黏土就會部分融化而緊密結合，變成堅硬又堅固的陶瓷。

繩文人會煮鮭魚、鱒魚類的食物!?

初期的土器是用野火堆（篝火）來燒製，燒製溫度約爲攝氏六百～九百度，推測多數是在平地、或是簡單的凹地裡燒製。

從日本帶廣市的大正遺跡群：大正3遺跡，挖掘出約一萬四千年前的繩文土器片，發現上面有烹煮海產的燒焦痕跡。根據日歐研究團隊的分析結果，海產可能是溯河而上的鮭魚、鱒魚類。這是目前發現世界上最早用來煮食物的土器。

土器不只可以用來煮食物，也可以盛裝古代用來當接著劑的漆或瀝青，大概也可用來去除橡子的澀味吧。另外，土器也被認爲曾用於埋葬小孩或是祭祀儀式。

似知而不知！陶與瓷的差別是？

約一千五百年前，使用陶輪、窯來燒製土器的技術從朝鮮半島傳入了日本。

約一千三百年前，人們學會使用釉藥，可以在陶瓷品上著色。

使用窯的話，可以讓火和陶瓷品分開，不用直接接觸。因此就可以用攝氏一千度以上的高溫燒製，也可以燒更長的時間。

窯這個名詞，是有著可以在內部放置燒結磚這類耐火物質、將柴火投入爐口燒製的空間，還有著煙囪，可以高溫加熱物質的裝置總稱。

燒製溫度一高，原料黏土中含有的長石或石英等礦物就會融化，發出玻璃般的光澤，變得非常硬。

陶器可被稱爲「土器」，以黏土（陶土）爲原料，可以用比較低溫（攝氏八百～一千三百度）燒製而成。跟瓷器相比，密度低且容易破，所以要做得比較厚。表面通常會塗上釉藥燒製。有塗釉的部分會散發像玻璃一樣的光澤，陶通常帶有樸素的土的質感，熱傳導效率比瓷器低，所以放進陶器裡的內容物不容易冷卻。要是敲打會發出有點鈍而濁的聲音。

日本的陶器以益子燒、萩燒、薩摩燒等聞名。

瓷器主要是以石頭粉末揉合作爲原料，再用高溫（攝氏一千兩百～一千四百度）燒製而成。高溫燒製所以質地堅硬、會發生強烈的燒成收縮，所以可以做得比陶器薄。質地本身白且光滑，可以畫上鮮豔細膩的畫爲其特徵。敲打後會發出清脆的聲音。

日本瓷器以伊萬里燒、有田燒、九谷燒聞名。

少年韋奇伍德嘗試做出了化學陶器？

陶器直到一七〇〇年代爲止，都未嘗試過一口氣做出同樣的盤子、碗或茶碟等。

而是由陶匠一個個仔細用手工製作出色彩豐富的陶器。即使下訂同樣的東西，也無法保證會做出同樣形狀、同樣顏色。

我們參考查爾斯・帕納蒂（Charles Panati）所著的《蒐藏入門Ⅱ關於起源》，來看看韋奇伍德如何製作化學陶器吧。

一七三〇年，韋奇伍德生於英國斯塔福德的陶藝世家，九歲就開始在自家的陶器工廠工作。

韋奇伍德有著很強的好奇心，不同於家裡代代相傳的古法，他嘗試各種方法來試錯、蒐集資料，想挑戰製作化學陶器。

因爲他和其他兄弟處不好，一七五九年便獨立並建立新的陶器工房，他經過大量實驗，嘗試調配新釉藥和陶土，並記錄燒製的火力等。

然後，終於在一七六〇年代初期，他可以經常燒出固定的顏色，可以重覆生產出品質好又完美的陶器。這些陶器擁有很高的藝術性。

那時候的英國正值工業革命初期，蒸汽機和低薪勞動力大幅提升了韋奇伍德陶器的產能。

一七六五年，夏洛特王妃訂購了一整套茶具組，隔年該產品被作爲王室御用，命名爲「Queen's Ware」（皇后御用瓷器）。

歐洲的王公貴族都著迷於他的產品，知名愛陶家俄羅斯女皇葉卡捷琳娜二世一口氣下訂了兩百人份的餐具，共九百五十二個「Queen's Ware」。

韋奇伍德雖然賺了大錢，但很支援美國獨立革命，也反對奴隸制度。

他死於一七九五年，大部分財產都留給女兒蘇珊娜・韋奇伍德・達爾文。他的孫子就是提倡進化論的查爾斯・達爾文，所以達爾文才可以不用擔心生計，投身研究。

韋奇伍德至今也還是世界最大的陶瓷工藝製造商之一。

從菜刀到人體內，這些地方都有精密陶瓷（Fine Ceramics）!?

進入二十世紀後，製造技術有了飛躍性的進步，陶瓷材料的應用範圍也更廣了。

爲了最大程度運用材料特徵，在使用高純度原料、經過人工調整成分後誕生了精密陶瓷（新陶瓷）。

像是電子產品、結構材料、生物材料等，精密陶瓷活躍於現代社會的很多領域。

例如，我們生活中經常看到的精密陶瓷菜刀或削皮刀的刀刃，這些是以二氧化鋯（氧化鋯）爲原料，利用它堅硬（僅次於鑽石）又堅固，帶有韌性的特質。精密陶瓷的刀刃特色是不易生鏽，可以保持銳利很久，也不易沾上食物氣味。

利用原料的鋁（氧化鋁）、氮化矽、二氧化鋯等具有的優秀特性，如：輕、耐熱、耐磨、電絕緣性等，用於製造工具、機械零件、電子產品或引擎零件等。

另外，也可以用在像人工關節或人工牙根等，還有電容器或各種底板、絕緣體、積體電路封裝等，用途廣泛。最近也開發出了人工寶石或陶瓷檢測器。

從繩文土器到精密陶瓷，陶瓷的技術也是進化了很多。

印度河流域文明的毀滅，是磚塊造成的!?

現在我們所住的房子，是用木材、石材、磚塊、混凝土、鋼鐵等物質所製造。

在古代美索不達米亞文明時，使用的是曬乾的磚塊。美索不達米亞所在的區域幾乎沒有樹木，因此無法用木材來蓋房子，人們使用曬乾的磚塊來蓋牆或建築物，形成了城市。

美索不達米亞從西元前四〇〇〇年到約一〇〇〇年間，都是使用陽光乾燥的曬乾磚塊，另外還會削尖在濕地生長的蘆葦等植物來當成筆，在軟黏土板上寫下楔型文字。從現今發現的古文物中，一般認爲黏土是美索不達米亞文明的基礎。

美索不達米亞的都市周圍有著由曬乾磚塊所蓋成的高牆，但是只要被風吹雨打磚塊就會變回泥土。

但是印度河流域文明跟美索不達米亞文明不同，他們有著燒製後的堅固磚塊，這就是「燒結磚」。

二十世紀初，印度被英國所統治時，英國發現了印度河流域文明的遺跡。現在分屬於印度跟巴基斯坦兩個國家，分別是哈拉帕和摩亨佐達羅兩個遺跡。透過挖掘這兩個地方，人們了解了很多事。

人們發現以印度河流域爲中心，在東西長一千六百公里、南北長一千四百公里的廣大地區裡，曾經存在一個會燒製堅固燒結磚的文明。

透過挖掘，這些用燒結磚蓋成的建築群，以及經過精密計算的都市重現於世人眼前。城市有著五六條東西向或南北向的大道，街區經過完整的規劃，這些大道幾乎都是直角交叉，並透過小路切割成棋盤狀。

另外，密集建造的房子是磚塊所建，家家戶戶都有著井或烹飪場、洗衣場，污水則有磚瓦建的下水道來排水，這就是以摩亨佐達羅遺跡爲代表的印度河流域文明。

但是印度河流域文明卻滅亡於西元前一七〇〇年左右。

滅亡原因有各種說法，但我猜想，使用龐大數量的磚塊來建造城市，會不會也是其中一個原因呢？燒製磚瓦需要用火，而爲了生火過度砍伐森林造成自然環境惡化，引發印度河的大洪水也說不定。

印度河流域文明結束後，該地興起了雅利安人的哈拉帕農耕文明。

但是印度河流域文明並非從此消失，而是某種程度上被繼承下來，現在從各方面被視爲印度次大陸文化進程的源頭。然後在現在的印度、巴基斯坦文化中，也有許多繼承印度河流域文明的地方。

混凝土凝固不是因為水分蒸發!?

古羅馬帝國滅亡後，有些技術曾一度消失了。你們知道，古羅馬是用什麼蓋建築物的嗎？

古羅馬最有名的建築又是什麼？

古羅馬使用了混凝土，蓋出像是萬神殿、將乾淨的水導向羅馬的水道橋、競技場等大規模建築。混凝土則是用水泥和水，將骨材（砂或砂礫）凝固的東西。

那麼水泥又是什麼？

水泥是陶瓷材料的一種。現代水泥使用石灰石、矽岩、氧化鐵、黏土製成細粉並加以混合，用大幅迴轉的機械加熱到攝氏一千四百五十度，製成粒狀水泥塊（熟料），然後加入三～五％的石膏，再粉碎成粉末狀。之後，將水泥加入水來凝固骨材，就成爲混凝土。

大家是不是認爲水泥凝固時，是因爲水分蒸發了才變成混凝土？其實不是的。水和水泥中含有的成分起了化學變化，水跟物質結合成爲「水合物」，而水泥水合物形成的化學變化會讓水泥變硬。

現在已知古羅馬時代就使用了某種混凝土。

因爲拿坡里郊外的波佐利，存在著天然水泥。簡單來說就是火山灰。經過幾百萬年，火山會噴發出溶岩或火山灰等，再加上因爲是火山，噴氣孔附近會加熱火山灰，等同於跟水泥工廠進行一樣的流程，自然發生了同樣的事。而經過這個自然過程形成的產物，古羅馬人採用與水泥相同的方式來使用它，將其凝固後就成爲了混凝土。這

萬神殿

就稱爲「羅馬混凝土」。

用羅馬混凝土打造的古羅馬建築，其代表就是羅馬市內的萬神殿（Pantheon）。「Pan」是指「所有的」、「theon」是指「諸神」，所以合起來就是「祭祀諸神的神殿」。

萬神殿的圓頂從建成後已經經過了兩千年，現在還很堅固。

萬神殿每層都使用不同的水泥，打造出不會輕易毀壞的圓頂。這是隨著古羅馬帝國滅亡而消失的技術。

萬神殿是現在留存於世界上，

最巨大的無鋼筋混凝土建築。

「波特蘭水泥」名字的由來？

隨著工業革命進展，原料被搬進工廠裡，同時也必須把工廠裡製造的東西運出去。於是就發生了交通革命，是搬運方法的革命。

十八世紀後半，英國興起工業革命，開始修整道路、建設運河、大型建築物，需要大量的水泥。

從古希臘的羅馬時代以來，水泥就是用熟石灰跟黏土製造，石灰石透過高溫加熱後，會變成一種叫生石灰的石灰。將生石灰跟水一起混合後，又會成爲熟石灰。於是人們又開始研究，將熟石灰跟黏土以各種比例混合，會不會因發熱而成爲水泥呢？

到了一八二四年「波特蘭水泥」被發明出來，該名字的由來是英國的波特蘭島，因爲做出來的水泥和這個島上的石灰岩很像，所以才被這樣命名。

想像一下隧道。像是把U倒過來拉寬的隧道，隧道會承受周圍的壓縮力量，而混凝土可以抵抗很強的壓迫，所以隧道不使用鋼筋也不用擔心。

但隧道也有弱點。那就是一拉就容易扭曲。混凝土只要扭曲後就會變脆弱，所以如果在建築物或水庫使用混凝土時，就要跟棒狀鋼鐵組合，成爲鋼筋混凝土來使用。

第6章

玻璃

克麗奧佩脫拉
也欣賞玻璃珠？

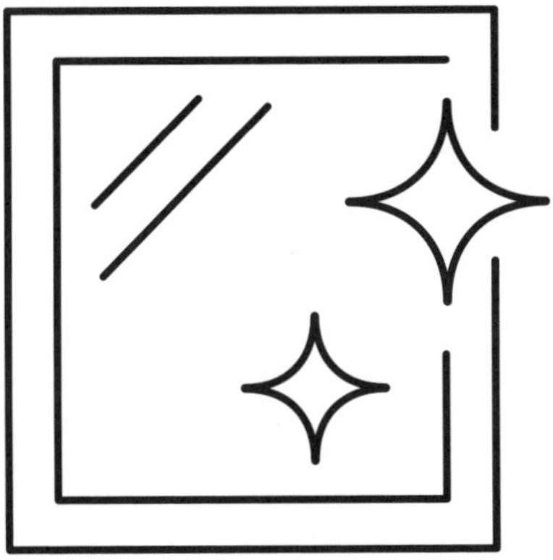

從起床到入睡為止，一天會遇到玻璃多少次呢？

來聊聊我們身邊常見、理所當然存在於生活中的玻璃吧。

大家從早上起床開始，會看到幾次玻璃呢？

例如，刷牙時會站在鏡子前面刷吧？

浴室會有鏡子，這就是玻璃做的。再看看周遭，陽光從窗戶照射進來，天花板上有著日光燈或ＬＥＤ燈泡，這也是玻璃做的。

其他還有像是電視表面的玻璃「玻璃蓋板（保護玻璃）」。這也是玻璃。

大家常用的手機或智慧型手機的表面也是很薄的一層玻璃，要是出門去搭電車，車廂也是被玻璃包圍。從門到窗都是玻璃，光才能透進來。

到了學校或是公司後，大樓也經常使用玻璃，玻璃是我們非常親近且理所當然的物質。

我們日常生活中出現的玻璃，多得讓人驚訝。

不只是透明！玻璃的重要性質是？

那麼玻璃又是怎樣的東西呢？

玻璃工業大致可分爲三個方向，平板玻璃、玻璃製品、玻璃纖維。

玻璃大部分是做成板狀，用在相機或望遠鏡的鏡片叫做「光學玻璃」，而玻璃做成容器或器具就叫做「玻璃器皿」。

玻璃的性質中最常被提起的就是「透明」。

我們可以看到的光叫做「可見光」，如果可見光能透過，物體看起來就會是透明的。透明的物質有很多，只要可以看到對面就叫做透明，塑膠或是塑膠薄膜（PVC）也是透明的，液體的水、乾淨的冰塊也是透明的，只要沒有上色，這些都是無色透明的。根據情況，也有帶顏色的透明，也就是所謂的有色透明。

玻璃使用在建築物等的一個重要性質，就是相對堅固。而且不是只有堅固，還可以防止氣體或液體通過。

玻璃還有「不易受到化學變化」的特性。大部分的物質放在空氣中就會跟氧結合而變質，或是生鏽。但是玻璃不會生鏽，結合氧氣的話會稱爲「氧化」，玻璃本身就已經跟氧結合，所以不會再氧化了。

另外，玻璃也不會受到硫酸、鹽酸或硝酸等酸類影響，所以玻璃瓶可以盛裝這些藥品加以保存。

除此之外，玻璃也跟橡膠、木片一樣，是不會導電的絕緣體。

克麗奧佩脫拉也欣賞玻璃珠？

玻璃擁有以上特性，而人類何時發明出玻璃呢？

從人類歷史來看，玻璃意外地很早就存在了。玻璃大約在西元前四〇〇〇年以前就存在了。像古埃及跟美索不達米亞文明等，這些文明早在西元前五〇〇〇年、六〇〇〇年前就存在，並且在這些文明的遺跡中挖掘出了玻璃珠。

雖然也有天然土耳其玉或青金石等美麗的礦物，但藍色的礦物產量非常稀少，所以人們開始在玻璃上著色並做出玻璃珠。將鈷這種元素加入玻璃中，就可以變出藍色的玻璃。

恐怕克麗奧佩脫拉就是凝視著這樣做出來的玻璃珠吧，另外，玻璃的起源有各種說法，但只要記得它很古老就可以了。

兩千年前的學者老普林尼在《博物誌》裡提到，「當加熱像鍋這類的容器，需要支撐時，就會使用蘇打灰。燃燒時蘇打灰會落下，如果跟周圍的砂一起混合加熱，就能做出玻璃。」

這個蘇打灰以學名來說就是碳酸鈉，在肥皂等物發明以前，會用來洗衣服或東西。雖然詳細的玻璃製造方法不明，但應該是人類獲得了可以產生相當高的溫度、燃燒東西的技術，並混入各種東西做出了玻璃。

現在最常被使用的玻璃是鈉鈣玻璃，通常用於窗戶或玻璃瓶等。主原料是二氧化矽的矽砂，其他還有碳酸鈉跟碳酸鈣。

現在的玻璃是以矽砂和碳酸鈉（蘇打灰）及碳酸鈣（石灰石），放在攝氏一千五百～一千六百度的大鍋中混合加熱，煮滾溶化後再冷卻凝固而成。

二氧化矽如第五章的陶瓷所說明的那樣，是由矽原子跟氧原子交互結合形成規則的鑽石型立體構造。

玻璃原料融化後，有部分會形成規則的鑽石狀，但如果加入鈉離子或鈣離子，就會以不規則構造的樣子變成固體。

「不規則構造固體」就是玻璃構造的重點。

玻璃是不具有結晶的固體，稱爲「非晶質」。因爲原子等的排列不規則，所以和結晶有很大的不同。

另外，玻璃溫度上升的話，未達到一定溫度不會液化（融化），而是會變軟，然後具有流動性。所以玻璃雖然堅硬，但也可以當成具有很大黏性（黏著性）的一種液體。

玻璃窗是哪個國家開始使用的？

西元前一世紀時，人們發明了吹製玻璃的技術，可以製造出比玻璃珠更大的物品。吹製玻璃是把玻璃融化後，吹入空氣來使之膨脹的方法，現在玻璃工房或製作玻璃的店鋪也可以體驗。

吹製玻璃的製作方法是利用攝氏一千度以上的高溫來融化玻璃，使之變黏稠後捲上吹管，再把空氣吹進去。羅馬帝國時代的人稱爲羅馬玻璃或是羅馬玻璃杯，並做出各種形狀的玻璃器具。

羅馬人在西元前四〇〇年時，就第一次加工玻璃並使用在窗戶上，但是在溫暖的地中海氣候地區中，做出玻璃窗只是一個有趣的嘗試而已。

正式採用玻璃窗的是中世紀初歐洲北部的德國人。北方國家的家裡會燒東西，所以屋頂上需要排出煙的孔，這個孔稱爲「風眼」，把玻璃嵌入風眼後就成了玻璃窗。

一開始玻璃窗很小，因爲吹製玻璃技法只能做出圓形玻璃，或是橢圓形、筒形。把它切斷展開後，壓在平坦的金屬板上，就可以做出平坦的玻璃，像這種做法一開始只能做出小小的玻璃窗。

後來拜嵌入「風眼」的小玻璃窗所賜，房子裡的熱能不容易喪失，而且還能射入陽光，人們注意到了這點以後，就在家裡裝上了更多玻璃窗。

順帶一提，英文的窗戶 window，wind 就是風的意思。後面之所以加上 ow，是因爲在斯堪地那維亞語中有「眼」或「窺看」的意思。

也就是說，從「風眼」誕生了「窗」這個字。

華麗的彩繪玻璃，但當中的紅色玻璃卻不好製造？

想把小窗戶變大的人們，利用鉛把小片平坦的玻璃連結起來，變成大片玻璃。後來還開始製造有顏色的玻璃。

玻璃只要加入一點元素，就會變成不同顏色。

像藍或綠這種顏色比較容易製造出來，紅色就不容易做。要做出紅色玻璃，需要把金跟錫一起熔化並混合，混合時雖然人類看不見顏色，但再加熱一次後會形成金離子，聚集很多金離子後就可以被人類肉眼看見，這就稱為「奈米金」（膠態金）。透過奈米金就能做出紅色玻璃。

像這樣有顏色的玻璃，在中世紀只有擁有權力的教會可以使用，教會窗戶能用華麗的彩繪玻璃裝飾，都是拜玻璃窗的製作技術進步所賜。

後來玻璃變得普及，普通的房子也能使用玻璃窗了。

那之後出現把玻璃變成圓筒形，打開後可以成為平板玻璃的技術。這就稱為「圓筒法」。十七世紀時頂多只能做出一公尺長，後來連四公尺的大型玻璃都可以打造出來了。

一六八七年，法國玻璃工匠把加熱融化後的玻璃攤在大鐵台上，用沉重的金屬滾筒延展，做出了大片的平板玻璃。

也因此終於出現了第一片穿衣鏡。穿衣鏡最少也要有人類身高的一半長度才行，而在出現穿衣鏡後，玻璃也被應用在各種地方。

平板玻璃的發明使窗戶變大？

然後在一九五九年的時候，又出現了其他劃時代的製作法，對平板玻璃來說相當具有革命性。但是該方法需要約攝氏一千六百度的高溫，理科實驗時使用的本生燈，最多也只能達到攝氏八百度而已，所以可以知道攝氏一千六百度是很高的溫度。

用攝氏一千六百度融化玻璃後，將玻璃倒在液態的錫上面，再加以冷卻。這就是「浮法玻璃」。

錫因爲在低溫時就容易融化，而液體表面上相當平整，在上面倒入融化的玻璃，經過時間加以冷卻，如此一來就能做出正反面都很平整的玻璃板。

對平板玻璃工業來說，這是非常革命性的新方法，二十世紀中期以後總算是可以連續製造出平坦的平板玻璃。

之後平板玻璃就被應用在各種地方，尺寸也變得更大。

玻璃帷幕建築誕生於世界博覽會？

我們來繼續聊聊第五章的陶瓷吧。

羅馬帝國的混凝土技術斷絕，導致人類有一千年以上沒有再出現混凝土建築，但那之後開始使用鋼骨來當建築骨幹。開始使用鐵也是十九世紀製鐵業興盛之後的事了。

一八五一年初次嘗試使用鋼鐵，所以打造出只用鐵和玻璃做成的水晶宮，這是倫敦世界博覽會的重點建築。

那是個劃時代的建築，長五百六十三公尺，寬一百二十四公尺，圓頂的屋頂高三十三公尺，使用的材料幾乎都是生鐵（鑄鐵）。

而這麼大的建築只用了九個月製造，是託了預鑄建築工法的福。

施工前先在工廠打造出需要的建材，並在現場組裝起來，工期就可以縮得非常短。爲了短時間內完成大面積的建築物，會事前把做好指定規格的零件搬進現場，並當場組裝。

水晶宮使用很多玻璃，所以非常明亮，而且設計上極力去除裝飾，非常嶄新又帶有機械美感，是近代建築早期最有名的建築物。

展覽結束後，水晶宮就被移到其他地方，但最終卻因爲火災而燒毀了，現在已不存在。當時的世界博覽會上，有許多這類的特色建築、產品。每當博覽會舉行時，都會展出讓人們十分驚訝的展品。

例如，一八八九年巴黎舉辦世界博覽會，巴黎世界博覽會便以艾菲爾鐵塔作爲特色建築，這個塔則是由熟鐵所打造。

其後，建築物的鋼骨是用比生鐵或熟鐵更柔韌、堅固的鋼鐵所打造。混凝土雖然能承重，但缺點是不耐拉扯或扭曲的力量，於是爲了改善此缺點的鋼筋混凝土就出現了。鋼筋混凝土是以組合的方式把棒狀鋼鐵作爲芯，周圍加上含有砂或砂礫的水泥，並混入水來揉合，接著放置它，等它變硬。

就這樣，鋼筋混凝土建築跟玻璃結合，成爲都市景觀。

美國以鋼筋混凝土的嶄新都市景觀聞名，歐洲則因爲其悠久歷史而受到傳統束縛。相對歐洲，美國是新開發國家，所以可以接二連三採用新技術，並在都市中打造出幾十層樓的高層建築。

如果支持鋼筋混凝土建築的鋼筋腐蝕的話，建築物的壽命也就宣告結束，接著就會在建築的各種地方開洞並埋入火藥，而火藥間則用纜繩連結作爲導火線，使之爆炸並讓建築物倒塌。這就稱爲爆破拆除。

然後，想必會再導入新技術，建造出新的大廈。

第7章

炸藥

家用瓦斯爐的瓦斯為什麼會臭？

無色無味！恐怖的一氧化碳是什麼？

東京消防廳管區內的火災原因排行榜，前幾名有「縱火、疑似縱火」、「香煙」、「瓦斯爐等」。如果統計全國的話，「篝火」導致火災的情況也很多。

「香煙」大多是因爲喝醉後躺著抽煙，就這樣睡著引發火災，結果似乎大多數會導致死亡。

「瓦斯爐等」原因，有的是像第三章「火」也有提到的天婦羅油火災，也有的是使用瓦斯爐時因有事離開火源或忘了關火等原因而導致起火，或是在瓦斯爐附近有可燃物導致著火等。

而家庭內的火災，很多是電暖器（暖風機、鹵素電暖器、碳素電暖器等）碰到可燃物，導致死傷意外。

室內如果有瓦斯爐或煤油暖爐、葉片式電暖器等燃燒器具，不只要注意火災，還要小心一氧化碳。

一氧化碳無色、無味、無臭，所以不容易察覺。但是毒性非常強。因此一氧化碳中毒事故經常發生在密閉房間或空間等，通常是使用炭或者瓦斯、燈油燃燒器具，又或者是汽油引擎等。

一氧化碳在空氣中的濃度約只有一到十ppm（ppm爲濃度單位，一百萬分之一，也就是〇・〇〇〇一～〇・〇〇一%）。如果在密閉房間裡使用燃燒器具，空氣中的氧氣濃度會下降，而氧氣濃度降到十八%以下後，器具的燃燒功能會突然變差，形成不完全燃燒，排出的一氧化碳量則是激增。

在通風不好的場所燒東西時，如果開始頭痛或想吐就要小心了。如果快要一氧化碳中毒，就要將受難者移動到有新鮮空氣的場所，並盡快接受診療。如果呼吸困難或呼吸停止，就需要馬上進行人工呼吸。

一氧化碳中毒症狀

一氧化碳濃度	吸入時間及中毒症狀
0.02%（200ppm）	2～3小時內輕微頭痛
0.04%（400ppm）	1～2小時內前頭痛 2.5～3.5小時後頭痛
0.08%（800ppm）	45分鐘內頭痛、眼花、想吐 2小時失去意識
0.16%（1600ppm）	20分鐘內頭痛、眼花、想吐 2小時死亡
0.32%（3200ppm）	5～10分鐘內頭痛、眼花 30分鐘死亡
0.64%（6400ppm）	1～2分鐘內頭痛、眼花 10～15分鐘死亡
1.28%（1萬2800ppm）	1～3分鐘死亡

※ppm為環境中的化學物質表示單位。
parts per million（百萬分之一）的簡稱。

出處：日本厚生勞動省廣島勞動局網頁

我們體內負責搬運氧氣到全身細胞的是紅血球裡含有的血紅素。在肺接受氧氣後，氧氣會跟血紅素結合並被運送到細胞裡。

但是一氧化碳跟血紅素結合的力量比氧氣還要強兩百倍，所以如果有一氧化碳，氧氣跟血紅素的結合就會被阻礙。

血液中的血紅素如果有三成跟一氧化碳結合後，就會引發心跳加速跟頭痛、想吐、眼花等症狀，如果血紅素的五～八成跟一氧化碳結合的話，就會喪失意識、昏迷或痙攣並且致死。

家用瓦斯爐的瓦斯為什麼會臭？

有時會看到「瓦斯爆炸」、「氫氣實驗爆炸」這種新聞。天然氣（主成分為甲烷）或液化石油氣（桶裝瓦斯）、氫氣和空氣（氧氣）混在一起點火後就很容易引發爆炸。

例如，將氫和氧的混合物點火後，燃燒會迅速傳向周圍，急速燃燒導致突然產生很高的溫度，周圍空氣急速膨脹，並發出「磅！」的爆炸聲，炸飛東西。這時的爆炸是化學變化，而且是非常快的燃燒。

日常生活中利用爆炸的產物就是燃油車。燃油車透過引發汽油蒸氣和空氣的混合物爆炸，使引擎發動並讓車子有能量起動。

燃燒物質與空氣（氧氣）以適當比例混合的話，一點火就會引發爆炸。同理，天然瓦斯或汽油蒸氣等如果以適當比例跟空氣混合，也是一點火就會爆炸。

所以家庭用瓦斯爐的瓦斯本來沒有臭味，但會在氣體中添加只有微量也很臭的氣體，這樣如果瓦斯洩露就能馬上發現了。

火藥是什麼時候傳來日本的？

炸藥（火藥類）是透過熱跟衝擊引發爆炸的物質，而這個能量可以被有效利用。

點亮夏季夜空的燦爛煙火，是利用黑色火藥的爆炸跟金屬元素的焰色反應。

在矽藻土炸藥登場前，黑色火藥主要用於土木工程或礦山開採，作爲炸藥使用。黑色火藥現在也會用於煙火或破壞岩石的炸藥導火線。

火藥起源雖然不明，但較有力的說法是六～七世紀的中國，火藥跟指南針、造紙術、活字版印刷術並列，被稱爲中國四大發明。

火藥是由木炭、硫黃、硝石（硝酸鉀）粉末混合而成，因爲是黑色的，所以稱爲「黑色火藥」。

日本引入黑色火藥的時間點，就是槍傳入的時候。一五四三年一艘葡萄牙的船漂流到了日本的種子島，船員身上帶有槍。作爲島主的種子島時堯花了大錢，請船員轉讓了兩枝槍給他。

以此爲契機，葡萄牙人將黑色火藥帶進日本，並在日本製造出更強力的黑色火藥。日本依循鍛刀傳統，槍也逐漸國產化，並製造出許多槍枝。

日本受到槍很大影響的戰爭是一五七五年長篠之戰。織田、德川軍擁有三百枝槍，武田軍動員了五百枝槍。但是織田、德川的勝因不只是因爲槍，還有許多其他因素。

槍才傳進日本不久就可以大量生產，性能也被加以改善，普及到全國。就這樣，日本成爲世界當代槍持有數量前幾名的國家。

煙火為何可以美麗地盛開？

黑色火藥的故事，就以又稱爲「燃燒的花」的煙火來作總結吧。

點亮夏日夜空的煙火，現在在全世界都受到歡迎，而發源地爲中國。中國不只將發明的黑色火藥用於戰場，也用於祭典等各種時機，並享受那個爆炸聲。

煙火混合黑色火藥、金屬和金屬化合物的粉末並用松脂等物來固定，用紙等物包覆後再點火燃燒，使之破裂，產生聲音、光、火焰、煙等產物來加以觀賞。

煙火製作時會在被稱爲「玉」（又稱光珠）的紙製球體中，填滿被稱爲「星」的火藥球，並使用火藥打上高空。發射的時候會點燃導火線，到達高空後導火線會點燃玉內部的割藥，讓「玉」破裂，「星」則飛散出來。

顏色主要是透過焰色反應而來。金屬元素的化合物被火點燃後，根據金屬種類的不同，火焰會發出不同顏色。紅色是鍶的化合物、綠色是鋇的化合物、黃色是鈉的化合物、藍色主要是銅的化合物。紅、綠、黃、藍以外的顏色則是混合了多種化合物。

鋁或鎂等金屬粉末燃燒時會放出白色閃耀的光，玉裡面有金屬粉跟氧化劑（起反應後會讓金屬跟氧氣強力結合）混在一起，反應後放出大量的熱，達到攝氏三千度左右的高溫，放出閃亮的白光。

日本江戶時代在一七三二年發生大飢荒，有很多人餓死，還受到瘟疫霍亂威脅，出現很多犧牲者。隔年第八代將軍德川吉宗爲了安慰衆多的犧牲者亡魂，在隅田川施放煙火。這就是現在成爲日本夏季風俗的煙火大會的由來。

焰色反應發生時，會因火焰的熱能而使得金屬中的電子獲得能量，從低位跳到高位，能量高位的狀態對電子來說是不安定的狀態，所以電子會想再度回到能量低位的狀態。此時光芒（可見光波長）就會被釋放出來，我們的眼睛就能看到顏色。

也就是說，金屬是從火焰得到熱能，再轉變爲光能放出。也有金屬不會發生焰色反應，但那只是因爲電子從高位回到低位能量狀態時，所發出的光不是人類可見光的關係，所以我們的肉眼無法看到顏色。

既能爆炸也能保命的硝化甘油？

黑色火藥的缺點是如果潮濕就無法點火，煙也會很多，威力也會減弱（無法震碎岩石）。所以軍隊跟商界一直都很想要找出新的強力火藥。

一八四五年發明了硝化纖維素，後來被稱為「硝化棉」。這是將棉絨纖維浸入混酸（硫酸跟硝酸混合物）並使之發生反應後製成，爆發力比黑色火藥強很多，但因為容易爆炸，所以火藥工廠或倉庫時不時會發生大爆炸。

二〇一五年八月十二日，中國天津市國際物流中心的危險物倉庫就發生了硝化纖維素自燃，引發大爆炸。這起爆炸事故造成一百六十五人死亡及八人失蹤，還有七百九十八人受傷。

硝化纖維素發明的一年後則是發明了硝化甘油。這是無色透明的液狀物質，如果被撞擊或是加熱，就會以驚人的威力爆炸。由於只要受到少許衝擊就會引發爆炸，所以很難運送、保存。

硝化甘油跟硝化纖維素一樣，都不容易運用，所以後來主要被作為心臟藥物使用。

結果，備受期待的新火藥還是沒能發明出來，只能繼續沿用黑色火藥。

改變歷史的大發明「矽藻土炸藥（Dynamite）」是如何誕生的？

而此時矽藻土炸藥（Dynamite）被發明了出來。

矽藻土炸藥是火藥、炸藥的一員，無論在戰時或和平時期，要破壞或建設時都會使用，給人類生活帶來很大的影響。

矽藻土炸藥的發明者諾貝爾，一八三三年出生於瑞典斯德哥爾摩，並在現今俄羅斯的聖彼得堡接受教育後，在美國學習機械工學，又再回到聖彼得堡，和他父親一起經營炸藥製造事業。

諾貝爾製作出很多硝化甘油，並打算和父親跟兄弟們一起經營事業來銷售。結果他的工廠卻發生爆炸事故，弟弟因而過世。

諾貝爾自此決定要讓硝化甘油變得更安全，並開始了實驗。

他認為，「如果把硝化甘油滲入東西裡就能使之安定，說不定在物理衝擊下也不會爆炸」，並將紙、紙漿、木屑、木炭、石炭粉、磚粉等許多不同物質浸入硝化甘油中，並在最後找到了矽藻土。

矽藻是擁有葉綠體的一種藻類，尺寸不到〇・一公釐，所以不在顯微鏡下是看不到的，但只要大量聚集就能看到綠色。

矽藻的殼主要是由二氧化矽構成，上面有很多小孔。

矽藻死後會沉到水底，葉綠體等物質會被分解，只剩下外殼。殼的主要成分跟岩石主成分的二氧化矽一樣，所以具有防火性質且堅固，外殼如果沉積爲地層後，又被地殼變動帶出水面，那麼矽藻土的地層就會出現在陸地上。挖掘後就能得到矽藻土，矽藻土凝固後有時就像岩石一樣。而被做成岩石般狀態後，就會用來製作日本常見的燒烤用炭盆「七輪」。

如果把矽藻土浸入硝化甘油後，硝化甘油就會變得安全，敲打也不會爆炸了。

那麼要如何讓它爆炸呢？諾貝爾爲了製作矽藻土炸藥，還發明了另一項東西，也就是引爆用的雷管。

矽藻土炸藥的筒中裝有吸附硝化甘油的矽藻土，筒子前端則有雷管跟導火線，導火線點上的火會進入雷管並引發爆炸。而透過這個機制，含有硝化甘油的矽藻土就會被誘發爆炸，炸藥的爆發力也跟硝化甘油相當。

炸藥開發出來一年後，諾貝爾將之命名爲「矽藻土炸藥（Dynamite）」，並開始販售。他在包包裡裝入許多矽藻土炸藥，前往世界各國販售。

在當時的戰爭中，士兵是躲在塹壕裡，也就是需要挖洞跟壕溝，然後躲在裡面互相射擊，在這種時候如果巧妙運用矽藻土炸藥，就可以摧毀壕溝。爲了斷絕敵軍補給的路，也可以爆破橋樑等。

諾貝爾前往各國兜售後，最有興趣的是法國。

諾貝爾發明的不只是矽藻土炸藥，他還在一八八四年發明了「無煙火藥

（Ballistite）」，這是將硝化甘油和硝化纖維素搭配，再加上樟腦的混合物。主要用於大砲發射時的發射藥。

無論是種子島以後的槍或過去的大砲，都是用黑色火藥當發射藥，而致命的缺點是會產生大量的煙，所以軍隊強烈需要無煙火藥。

而諾貝爾就把無煙火藥（Ballistite）賣向了全世界。

他在世界各國經營了十五間炸藥工廠，還在俄國（譯註：當時爲前蘇聯，現屬於亞塞拜然）開發巴庫油田，獲得了巨萬財富。

諾貝爾發明高性能炸藥的意外理由是什麼？

諾貝爾的哥哥過世時，報社誤以爲是諾貝爾本人過世，因此發了新聞。報導中寫著「發現過去未曾有過、盡可能在最短時間內殺害大量人類的方法，並獲得大量財富的人昨日逝世」。諾貝爾讀了這份報導後，似乎受到很大打擊，因爲得知了世間是怎麼看待自己的。

在諾貝爾死前的一年（一八九五年十一月二十七日），他留下了遺書「希望將我的遺產按照以下方式處理」。遺書中設立物理、化學、生理醫學、文學，以及和平各獎項，並寫下「將我留下的財產利息作爲獎金，給予對人類最有貢獻的人們。」

諾貝爾死後，諾貝爾基金會於斯德哥爾摩成立，自一九〇一年開始頒發諾貝爾獎。一開始是物理學、化學、生理醫學、文學、和平五個種類的獎項，一九六八年後新設立了經濟學獎，現在有六個部門。

這樣讓人不禁好奇，諾貝爾對和平的看法是什麼呢？大部分人應該都覺得是看到自己發明的矽藻土炸藥和無煙火藥用於戰爭這種負面用途，所以才想創立和平獎的吧。但他的想法其實不是這樣的，而這跟諾貝爾和女作家蘇特納的交流有關。蘇特納當時寫了小說《放下武器！》而成爲暢銷作家，是位名人。

蘇特納當過諾貝爾一週的祕書，另外兩人還是超過十年的朋友，蘇特納是和平運動家。諾貝爾對她說：「爲了永遠不再發生戰爭，需要發明出擁有驚人嚇阻力量的物質或機械，如果無論敵我都會在一秒內完全被破壞，那麼所有文明國家都會受到威脅，而不會再進行戰爭了吧。如此一來軍隊也就會解散了吧。」

或許諾貝爾開發出優秀的戰爭用火藥並賣給各國軍隊，背後有著這樣的想法也說不定。蘇特納的想法則是完全解除軍備，和諾貝爾的見解有很大的不同。

但是，如果只看諾貝爾遺書中和平獎的用意，裡面寫著「此獎贈予促進各國間的友好關係，設立或盡心普及和平會議，對廢止或縮小軍備具有最大貢獻的人」。

這跟諾貝爾原本的「做出瞬間可以破壞對手的武器，就能成為扼止戰爭的力量」這個想法相互矛盾。恐怕諾貝爾是被蘇特納的《放下武器！》所感動，並因而想設立和平獎也說不定。實際上，一九〇五年的諾貝爾和平獎就頒給了蘇特納。

第8章

染料

眼影及口紅這些化妝品，是在哪裡誕生的？

為什麼衣服可以有許多不同顏色？

食衣住中的「衣」，不只是幫助人類度過寒暑而已，人類從古至今都有妝扮的慾望，並爲此發展技術，因此我們的衣服也染上各種美麗的顏色。

能顯示出顏色的物質稱爲「色素」。色素中能將纖維或皮革染色的東西就稱爲「染料」。

染料不只是可以染纖維，還能染各種東西，像是紙、塑膠、皮革、橡膠、醫藥、化妝品、食品、金屬、毛髮、清潔劑、文具、照片等。

在十九世紀中葉以前，是屬於天然染料的時代。天然染料大致可分爲植物性或動物性。

植物性染料中最有名的是薑黃，英文名字是turmeric，特徵爲鮮艷的黃色。其他還有紅花、帶點黑色調的紅色蘇木，根可以作爲紅色染料的茜草，葉子可以作爲藍色染料的蓼藍等。古埃及木乃伊也使用蓼藍和茜草來染色。

動物性染料中有名的是一種叫骨螺紫的紫色染料，還有稱為胭脂紅的紅色染料。胭脂紅現在也還是作為天然染料使用，經常用於把食物染成紅色。

胭脂紅是從胭脂蟲身上萃取出來。胭脂蟲是一種寄生於仙人掌的昆蟲。雌蟲體內有紅色色素，別名又叫做洋紅蟲，生長在秘魯或墨西哥。胭脂紅從馬雅或印加文明時代開始，就作為口紅或布的染料，後來西班牙人來到新大陸後，就獨佔了胭脂紅的販售權。

秘魯等南美洲國家現在也會種植仙人掌，並大量養殖以仙人掌為食的胭脂蟲。

日本奄美大島現在也還保留了天然的藍染。

將一種叫蓼藍的植物葉子進行發酵後，將布浸入其液體，讓纖維內部都確實染上藍色色素。把布從液體中撈起後，布就會從綠色變成藍色，這是利用接觸空氣後色素就會氧化並顯色的性質。

藍染就是把布染上蓼藍汁液並接觸空氣，反覆進行幾次作業後，就能重疊染成深色的方法，最後用水洗過並乾燥來固色。

只有有錢人才能穿的「骨螺紫染」是什麼顏色？

古代的海洋國家腓尼基，會使用貝類來替物品染成紫色。這是從一種叫做染料骨螺的卷貝內臟中取出鰓下腺運用的染色法。

鰓下腺中含有無色或淡黃色的色素，取出後抹上纖維，透過空氣中的氧氣進行氧化，如此一來，黏液沾到的部分就會變成帶紅色調的美麗紫色。

但是，一個貝只含有一點點色素，光一克的染料就需要耗費一千到兩千個貝，非常昂貴，所以當時只有有錢人可以穿上這個骨螺紫所染的衣服。由於只有王公貴族跟高僧可以穿，所以這個顏色似乎被稱爲貴族紫，也就是帝王紫。

真的是十八歲少年發明了最初的合成染料？

從天然染料時代進步到合成染料的時代，最初活躍的人物是世界上第一位發明合成染料的年輕人珀金。

一八五五年九月，威廉・亨利・珀金拜訪了英國皇家化學學院從德國招聘來的霍夫曼教授，霍夫曼教授做的是農業研究，但當時熱衷於研究焦油。如果蒸烤石炭，石炭會變成焦炭，同時還會產生氣體狀的東西。這東西被稱爲「煤氣」，用於照明，使得倫敦跟巴黎市區都亮了起來。

當時製造焦炭或煤氣時，一起產生的「黑色黏液」堵住了實驗裝置跟水管，所以被當成麻煩的副產物。這就是「焦油」或者又稱爲「煤焦油」的東西。

霍夫曼教授反覆進行研究，想說能不能拿煤焦油來做些什麼，並成功取出了苯。當時他正拚命研究能不能合成出瘧疾的特效藥奎寧，而珀金就是在這個時候，來到了他的研究室。

當時珀金才十七歲，他完成霍夫曼教授交代的任務後，就開始自己的研究。珀金被霍夫曼教授交代了研究如何製造奎寧的任務，每天都在進行研究。瘧疾是透過蚊子傳染，是殺死全世界最多人的疾病，所以十七歲的珀金也很熱心研究。

珀金成爲助手後過了一年，雖然每天都很忙，但沒辦法做出奎寧。雖然已經得知奎寧的碳、氫、氧比例，但即使做出同樣比例的物質，卻沒辦法變成奎寧。這是因爲碳、氫、氧的結合非常複雜。

其中，珀金把苯加上 NH_2 的苯胺作爲原料，想嘗試能不能做出奎寧，但果然還是做不出來。接著，他把苯胺加上稀硫酸和二鉻酸鉀（以前又稱呼爲重鉻酸鉀），想要氧化後看看會如何，當然還是無法做出奎寧。

但是嘗試後燒杯的底部沉澱了黑色殘渣，當他想丟掉這個黑色殘渣時，珀金的腦中忽然閃過直覺「這是之前沒看過的東西」。然後他試著用酒精溶解了這個黑色殘渣。

結果如何呢？將這個物質透過陽光一看，竟然出現了鮮豔的紫色。

此時，珀金想起古埃及法老爲了把衣服染成紫色，用了幾萬個卷貝的故事。然後他想，「這個紫色與那種紫色相比也毫不遜色，可以用來當作染料，不是嗎？而且還可以便宜製造出來。」

後來他開始轉向研究合成染料，停止了合成奎寧的研究。

之後，這個紫色染料被發現不是苯胺的氧化所形成，而是跟苯胺很像的甲苯胺的氧化所產生的。

接著，十八歲的珀金就取得專利，離開了霍夫曼教授的研究室。那是一八五六年的事了。其後，他建立珀金父子商會，一八五七年建了工廠。

雖然他設法進行了大量生產，但染料卻接二連三被退貨了。

染料爲了確實染色，必須要有媒染劑。沒有媒染劑就無法固色。一開始他使用的媒染劑無法好好固色，所以顏色留不住。但經過反覆研究後，珀金發現單寧或柿漆中含有的物質可以讓色素固色，終於解決了這個問題。

就這樣解決染色問題後，從煤焦油製造出的人類最初合成染料，以「苯胺紫（mauveine）」爲名開始販售，這個合成染料又美又便宜，所以迅速在歐洲普及。天然染料的難處就是品質不定，染出的成品會有落差，但是合成染料的顏色可以染得非常均勻。

一八六二年的倫敦世界博覽會中，將利用煤焦油中物質製造而成的美麗苯胺染料，跟又黑又髒的煤焦油放在一起展示，震驚了世人。

雖然珀金的苯胺紫現在已經不再使用，但像這樣從石炭中製造各種東西的煤化學工業，卻逐步轉向了石油化學工業。

可以說珀金的研究是以石炭或石油爲原料製造各種化學產品，並揭開了化學工業的序幕。

為何即使顏色漂亮，也無法變成染料？

染料不是只有上色就好，還必須能與纖維相容、緊密結合、不輕易掉色。陽光的能量可以分解很多東西，所以染料要能耐陽光照射，還需要有經過洗滌或摩擦、汗水等也不會變色的安定性，這對染料來說很重要。

某個物質的顏色即使很美，但不一定能成爲染料。色素分子要能進入纖維分子的空隙並進行化學結合，這樣才能穩固附著不脫落。纖維分子如果沒辦法跟色素分子進行化學結合，馬上就會掉色了。

纖維可以由各種材質形成，像是：棉花（纖維素）、絲或羊毛（蛋白質）等天然纖維，或是聚酯、丙烯酸系樹脂、尼龍等合成纖維，它們各自也有不同的化學性質。所以不同纖維的纖維分子跟色素分子化學結合的方法也會不一樣，每種纖維都得下工夫使用不同的染料跟染色法。

德國化學工業發展繁榮的理由是什麼？

當時即使知道碳跟氫的比例各爲幾％，也沒辦法解開染料的分子構造。不只是苯，當時也不知道苯胺的基本結構是苯環（六角型，類似龜殼那樣的構造）。

一八六五年，克古列（Kekulé）這個化學家解開了苯的構造，他有一天夢到蛇在咬自己的尾巴而形成環狀的夢，以此爲契機就想出了苯的環狀構造。

苯環的六角形構造被解開後，也解開了天然染料的結構，另外還知道了化學變化的順序，也就是「讓這個物質以這樣的順序合成後，最後會成爲那樣」。

人們終於不是偶然完成化學變化，而是可以用理論去理解物質的合成。

珀金雖然成功合成出茜草這種植物擁有的紅色色素「茜素」，但德國的兩位二十多歲化學家也成功合成出茜素，只早了他一天獲得了專利。

之後打造出合成染料等物質的公司逐漸成長，工業化後大發利市，使得德國發展領先全球。

英國當時或許在成爲大英帝國後變得比較保守，而年輕蓬勃的德國才正在成長中。德國砸下重金把前往英國的德國化學家召回母國，並在大學建造化學實驗室，公司也設立了研究部門。德國化學工業就這樣逐漸在全世界取得領先。

一開始，德國的染料公司也是小公司，得仰賴從英國進口，但就在幾十年間成長爲可以從原料合成出各種化學製品、擁有多角化生產線並銷售的大公司了。

接著，天然染料的行情隨之崩毀，而天然染料大多是由英國殖民地製造的。例如，蓼藍在當時英國統治的印度有五十萬公頃的田地，但還是贏不過合成染料。

一八七一年德意志帝國成立，帝國打算振興國內產業並自給自足，另外也整頓大學或高等技術專門學校，培養化學家，於是確立領導方針為要給予充分研究條件，在企業內部成立研究部門。

德國化學工業就這樣以合成染料爲主軸大幅成長，十九世紀末時，德國化學製品已經獨占了全球市場。

至今爲止，我們從珀金在英國發現合成染料開始說起，接著年輕蓬勃的資本主義國家德國開始成長，之後化學也轉向以德國爲主。

眼影及口紅這些化妝品，是在哪裡誕生的？

我們的生活因花草或衣服的色彩而變得豐富多彩，恐怕人類自古以來就喜歡各種顏色吧。

之所以會這麼想，是因爲舊石器時代晚期西班牙北部的阿爾塔米拉岩洞和法國西南方的拉斯科洞窟，都發現鮮豔且帶有躍動感的動物壁畫。

透過碳十四定年法調查後發現，阿爾塔米拉岩洞的壁畫約爲西元前一萬七千年到一萬三千五百年前，拉斯科洞窟的壁畫約爲西元前一萬六千四百年到一萬四千六百年前所畫。畫下壁畫的人是晚期智人的克羅馬儂人，他們約從四萬年前開始住在歐洲，是現代歐洲人直接的祖先。

無論是哪個洞窟的壁畫，都使用了黑、紅、黃、茶、褐色等顏料。

顏料就是指用無法被水或油等溶劑溶解的粉末，在物體上塗上不透明色彩，如顏料其名，也作爲化妝品的著色劑。

顏料跟染料都是用來著色，但最大的不同是顏料是無法溶解於水或油等物質的粉末，而染料則會溶於水或油等。

例如，阿爾塔米拉岩洞和拉斯科洞窟壁畫所使用的黑色，是木炭和二氧化錳，而紅色或黃色則是氧化亞鐵的粉末。這些會跟獸脂混合使用。

氧化亞鐵粉末現在也還用來當紅色顏料，因爲在印度孟加拉地區生產，所以稱爲「孟加拉紅」，孟加拉紅是世上最古老的紅色顏料。

古埃及王妃化妝時會在眼皮上使用黑色方鉛礦（鉛礦石）及綠孔雀石（銅礦石、malachite）的粉末，並在唇上塗抹孟加拉紅。這就是眼影跟口紅的源頭。

後來紅色顏料改用比孟加拉紅更鮮豔的硫化汞，也就是「硃砂」。在《古事記》及《日本書紀》上也記載了硫化汞。日本古墳時代的墳墓石室和木棺也使用了大量的硃砂，直到最近，硃砂都還用於印章的印泥。

人工顏料的第一號則是鉛白。由鉛板加熱後的空氣和二氧化碳、醋酸的蒸氣及水蒸氣的混合氣體噴出而產生，鉛白可以覆蓋在皮膚上，長年作爲化妝品的白粉使用。

但是鉛白會造成鉛中毒，而引起腸胃疾病、腦疾病、神經痲痺等，也有很多致死的案例。日常中使用大量鉛白粉的舞台劇演員，胸口跟背都會塗上大量的鉛白粉，所以症狀更爲顯著。一九三四年開始禁止製造及使用鉛白粉。

之後有各種金屬元素被用於顏料，一九〇〇年代無機顏料製造出了幾乎所有的顏色。但令人困擾的是，無機顏料大半都像鉛白粉一樣，以鉻、汞、鎘、砷等重金屬爲原料，所以本身毒性很強。

因此取而代之的顏料隨之而生，例如白色是安全性高的鈦白（二氧化鈦）或氧化鋅，毒性強的無機顏料現在都改用無毒的原料進行合成，替換成毒性較低的有機顏料了。

第9章

醫藥品

使用過多抗生素後，無論什麼抗生素都會沒效，是真的嗎？

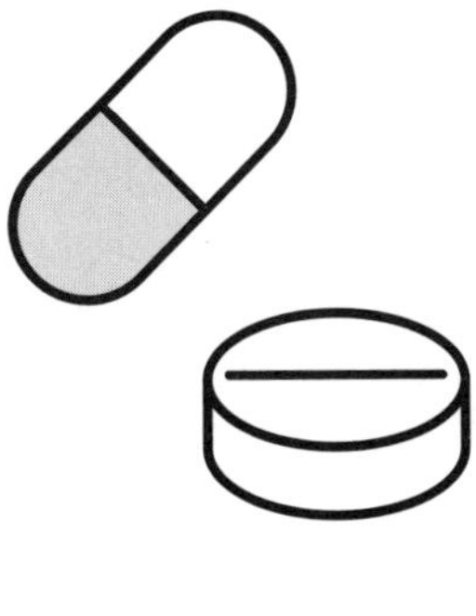

世界首位製作出化學治療藥物的是日本人!?

人類可以完全透過合成做出的化學治療藥物第一號是「撒爾佛散（Salvarsan）」這種藥，撒爾佛散是梅毒用藥，其實這個藥的開發過程，跟日本人有很深的關係。

一八八二年到一八八三年間，德國人柯霍發現結核桿菌跟霍亂弧菌。這是自古以來的傳染病，但人們一直以爲原因是「體液混亂」或「名爲瘴氣的有毒空氣」。

但是柯霍卻發現結核病或霍亂的原因是顯微鏡才看得到的微小細菌。後來醫學跟細菌學的領域就開始探究找出細菌的方法。

之後，就有人開始想「細菌可以用合成染料染色嗎？」如果能把細菌染色的話，就能比較容易用顯微鏡觀察。而且接著還發現可以分成染料能染得很深的細菌和洗一洗就會掉色的細菌。於是就可以透過染色分辨出不同細菌了。

一八八四年，丹麥一位叫漢斯革蘭的人開始採用這個方法，所以染色法也被稱爲「革蘭氏染色法」，這個細菌分類法直到現在也仍持續使用。

順帶一提，能被某種染料染色的細菌，如果可以跟染料一起消滅掉，這樣的話不是很方便嗎？

於是有人想到，「只要找到含有殺菌成分的染料，也就是可以殺死細菌的染料，就可以順便殺死細菌並治療疾病，這也是一條路吧？」而這個人就是德國的醫師埃爾利希。

他使用各種物質來將細菌染色，然後不斷研究「世界上一定有對人體組織沒有影響，可以只將細菌染色，而且還可以殺死細菌的物質」。

而秦佐八郎這位日本人就是埃爾利希的徒弟，當時他前往德國留學。秦佐八郎在一九一〇年發現了撒爾佛散。撒爾佛散可以只將梅毒病因的梅毒螺旋體這種細菌染色，而且還能殺死細菌。

撒爾佛散並不是自然界存在的物質，完全是由人類製造出來的，這是當時拯救許多梅毒患者的特效藥，但因爲含有有毒的砷，所以等到開始使用「盤尼西林」這種抗生素後，撒爾佛散就不再使用了。

秦佐八郎在發現撒爾佛散的隔年就回到了日本，一九一四年在北里研究所當上部長，另外一九二〇年慶應大學建立醫學部後，他也在那裡教書，教授細菌學跟免疫學。

梅毒「會讓鼻子掉落」？

其實梅毒是很久以前就有的疾病。一般認為大航海時期，哥倫布一行人去了新大陸（美洲大陸），當時船員從新大陸帶回了梅毒，然後在歐洲擴散開來。

在日本則是在室町時代後期的一五二五年留下了傳入梅毒的紀錄。當時好像有武士患上梅毒。

梅毒的症狀有以下特徵。

梅毒的第一期、第二期、第三期都各有特殊症狀，第一期為感染後約三週左右發作，第二期約為三個月後發作，然後第三期大約為三年後發作。但說是三年後，實際上也不一定是三年，大約是三到十年左右。

第一期是病原體入侵的地方（嘴或陰部黏膜）會出現下疳，附近的淋巴結會腫脹，但之後症狀就會消失。

第二期則是全身淋巴結會腫脹，不只發燒跟產生倦怠感，手腳、胸、腹部還會出現名爲「玫瑰疹」的紅色疹子，但這也大約只會維持一個月，之後就會消失。

第三期是皮膚、肌肉或骨頭會有名爲「橡膠樣梅毒瘤」的腫瘍。患者體內會有一種叫做螺旋體的螺旋狀細菌增殖，結果就是產生類似橡膠般的腫瘍。這種腫瘍如果發生在鼻子上，鼻子就會塌掉，也就被稱爲「鼻子掉了」，要是放置不管，那麼則心臟、血管、腦等許多內臟也會病變，有時會致死。

梅毒的原因是梅毒螺旋體，這是一種寬〇・一到〇・二μm（微米），長六到二十μm（微米）的細菌，所以肉眼無法看見。

全世界都害怕的「水銀浴」可以治療梅毒？

以前梅毒沒有太多治療方法，最常用的就是水銀。

水銀自古就常用於鍊金術。

直到十七世紀左右為止，鍊金術大約持續了兩千年，從埃及開始，經由阿拉伯到歐洲，再傳入中國，世界各地都在進行鍊金術。

鍊金術的第一目的是將卑金屬的鉛等金屬製作成貴金屬的金，另一目的則是製作不老不死的藥。

貴金屬如金、銀、白金等，在空氣中非常穩定、有光澤，不易被酸、鹼腐蝕，因產量稀少所以價格高昂。相對於貴金屬，鐵、鋁、錫等卑金屬產量較大，而且在空氣中加熱後容易氧化。

眾所皆知，秦始皇為了追求永生並喝下了水銀化合物，但他因為汞中毒，所以在五十歲就去世了。

鍊金術中有兩個從古代就很受重視的元素，那就是水銀和硫黃。一般認爲，這兩個元素用某種形式組合後，就可以將鉛變成黃金。

另外，鍊金術在製作金子或不老不死的藥時，最重要的是擁有全能力量的石頭。這被稱爲「賢者之石」，人們認爲只要鍊金術師發現賢者之石，就可以做出金子跟不老不死的藥。

這樣以水銀與硫黃爲中心的鍊金術，逐漸衍生出不太一樣的想法，並隨著時間推移，煉金術的觀念也發生了變化。

當時在其中扮演重要角色的是十六世紀的鍊金術師帕拉塞爾蘇斯，他在世界各地流浪並學習鍊金術跟醫學。

「萬物皆毒，世上沒有無毒的物質。要去除某物的毒性，唯有改變使用劑量。」這句話就是他說的。他眞正的名字不是帕拉塞爾蘇斯，但他自稱爲帕拉塞爾蘇斯。因爲當時對醫學有興趣的人、以及想從事醫療行爲的人，通常都會閱讀一世紀時的羅馬醫生凱爾蘇斯的著作。

但是帕拉塞爾蘇斯看穿了這本書的架構及知識承襲自西元前的醫師希波克拉底，並覺得自己比凱爾蘇斯更加優秀，所以自稱爲「帕拉塞爾蘇斯」。帕拉塞爾蘇斯的意思就是超越凱爾蘇斯。

用這種名字自稱，又批評當時作爲醫學權威的凱爾蘇斯的書，使帕拉塞爾蘇斯被一部分的人討厭，但是他也擁有很多粉絲，因而在歷史上留下了名聲。

帕拉塞爾蘇斯認爲，「鍊金術不只是水銀跟硫黃，還有鹽也很重要」。

這裡所指的鹽在英文中是mineral。平常我們用於調味的食鹽，主成分是氯化鈉，也是鹽的一種，其他還有許多種類的鹽。

然後這裡指的鹽，是中學理化課程所說的「酸鹼中和會得到鹽跟水」的那個鹽。

帕拉塞爾蘇斯和鍊金術師都認爲精神、靈魂和肉體這三者是很重要的，然後精神對應的是「水銀」，靈魂對應的是「硫黃」，肉體對應的則是「鹽」。帕拉塞爾蘇斯之後的鍊金術師們也繼承了這樣的看法。

帕拉塞爾蘇斯在歷史上留名的另一個理由，是他將鍊金術應用在醫學上。在他死後，鍊金術師們研究他寫的書，並組成了一個團體，這就是醫療化學派。他們研究醫藥品，打算以此來治病。

因爲帕拉塞爾蘇斯寫下了「用水銀治療梅毒有效」，所以水銀就變成了梅毒的固定用藥，被使用了很長一段時間。

但要問是怎樣的療法，其實非常恐怖。

水銀是唯一在常溫下以銀色液體方式存在的金屬。請想像體溫計裡灌入的水銀充滿了浴缸。

梅毒患者就泡進這個浴缸中，然後加熱水銀。如此一來水銀就會蒸發，患者就泡在水銀蒸氣中。泡水銀浴的患者會吸入大量水銀，如果只喝下一點水銀是可以排出人體外的，但是汽化的水銀蒸氣會迅速從肺進入血液，比起喝下液體水銀，對身體有更大的不良影響。爲了治療梅毒，結果很多時候比治療前狀態更糟。

就這樣，使用水銀的療法直到一九〇九年合成出撒爾佛散作爲梅毒用藥後才停止。

以前的人是怎麼發現藥的？

在帕拉塞爾蘇斯開始使用「鹽」之前，藥都是來自植物。恐怕人們自古以來就一面想著「這是可以吃的東西嗎？」、「可以拿來治病嗎？」，邊試吃或試咬植物來確認吧。植物的葉、果實或枝條等可以直接使用，或是乾燥加工，又或者利用酒精之類的東西溶解出成分來，人們嘗試了各種使用方法。

其中也有很多人吃下有毒植物導致身體惡化或死掉吧。就是這樣經歷了許多人的犧牲，人類才能集藥的知識於大成。

帕拉塞爾蘇斯當作藥物使用的水銀並不是植物。所以從帕拉塞爾蘇斯的時代開始，不只使用植物，也開始用礦物來進行治療了。但這些仍舊都是自然界存在的物質。

戲劇《仁者俠醫》裡登場的盤尼西林，製造法令人驚訝？

蘇格蘭細菌學家亞歷山大・弗萊明，第一次世界大戰時於法國西部戰線擔任醫生，幫受傷的士兵包紮。但當時許多士兵因敗血症而一一死去。

戰爭結束後，弗萊明回到英國，決定推廣把繃帶泡在酚裡的消毒法。他發現適度的鼻涕裡擁有天然抗菌成分，將之命名為「溶菌酶」。但無論是酚或溶菌酶，都沒辦法進入傷口內部，所以傷口還是會化膿。

幾年後，一九二八年時弗萊明正在研究金黃色葡萄球菌。在他結束假期回到散亂的實驗室時，桌上堆著一座培養皿的小山。培養皿是玻璃製的淺盤容器，裡面會鋪上作為細菌養分的培養基，養育細菌。細菌會在培養基上開始繁殖，形成菌落。

收拾培養皿小山的弗萊明發現長滿葡萄球菌的培養基上，長出了青黴菌的菌落。那年夏天比較冷，所以喜歡低溫的青黴菌就長了出來。他仔細一看，發現培養皿裡青黴菌的周邊沒有長出葡萄球菌。弗萊明忍不住發出驚嘆。

「青黴菌溶解了葡萄球菌！」

存在空氣中的青黴菌的胞子落在培養皿裡，長大後分泌的液體殺死了葡萄球菌。之後，他還發現青黴菌泌出的液體不只是能殺死葡萄球菌，還能溶解致使化膿或肺炎的細菌。弗萊明將這個物質命名爲「盤尼西林」並發表，但是當時的人並未注意到他的成果。

盤尼西林受到矚目是在一九四〇年的時候，從一九二八年發現盤尼西林以來，已經過了十二年。

佛洛理和錢恩這兩位英國化學家大量培養青霉菌，並成功大量生產出盤尼西林。

當時剛好正値第二次世界大戰，有許多士兵負傷並傷口化膿，引起各種問題，而盤尼西林就作爲有效用藥而受到注目。

使用過多抗生素後，無論什麼抗生素都沒效，是真的嗎？

之後發現了許多抗生素，現在成了一種非常普遍的藥物。多虧抗生素，使人類受苦的結核病、鼠疫、傷寒、痢疾、霍亂等許多傳染病都看似遠離了人類。

但是人類才安心沒多久，細菌就迅速發起了反攻。讓抗生素無效的「抗藥性細菌」

出現了。

如此一來，以前有用的盤尼西林也不能再使用，只能使用新發現的抗生素來治療。然後又出現能抵抗新抗生素的新抗藥菌。

最後有可能無論什麼抗生素都沒效，如此一來就對疾病的蔓延束手無策了。現在最讓人害怕的就是這種抗藥性細菌。因此才會說「不要胡亂使用抗生素會比較好」。

抗藥性細菌中現在最大的問題是「抗甲氧苯青黴素金黃色葡萄球菌」。甲氧苯青黴素（Methicillin）是用來殺抗藥菌的強力抗生素，可是連這種藥都無效的葡萄球菌已經出現了。

當初抗甲氧苯青黴素金黃色葡萄球菌只佔了葡萄球菌的一成左右，但現在引發感染的葡萄球菌中已經有超過六成都是它了。

抗生素汎克黴素（Vancomycin）自一九五六年開始使用，已有四十年以上沒出現相關的抗藥性細菌，被當成是對抗「抗甲氧苯青黴素金黃色葡萄球菌」的王牌。

然而二十世紀末，就連汎克黴素也出現了抗藥性腸球菌的報告。那之後也逐漸發現對汎克黴素具有抗藥性的細菌。

現在，最後的一道防線可以說是二〇〇〇年發售的Linezolid。這是人工合成的化合物，跟過去的藥物是用完全不同的機制來抑制細菌繁殖。

但是，海外也零星出現有抗藥性細菌的報告了。人類跟抗藥性細菌的戰爭，未來也將持續下去吧。

此外，抗生素是由微生物或其他生物所產出的具有抗菌作用的物質。現在人工合成的藥物也逐漸增加了，所以就不稱其爲由生物所產生的「抗生素」，而多改叫作「人工抗生素」。

第10章

農藥

化學肥料養活了全世界八十億人的命？

化學肥料養活了全世界八十億人的命？

西元一年左右時，全世界的人口大約只有三億人左右，但一八〇〇年左右時達到了十億。當時英國正在進行工業革命（一七六〇至一八四〇年）。

到了一九〇〇年時，世界人口已經達到了十六億。

然後一九五〇年左右時變成二十五億，二〇二二年十一月十五日達到了八十億。二〇五〇年時推測應該會達到九十七億。

這一百二十二年間，世界人口增加了五倍。

而世界人口增加的背後需要農作物的增產。

農作物的養分是來自動植物屍體經過微生物分解後，慢慢分解出來的腐植質。古希臘哲學家亞里斯多德說：「植物死了之後會化為腐植質並成為肥料，植物透過根從土中的腐植質獲取養分。」

話說回來，一八四〇年德國化學家利比希（Liebig）發表「無機養分說」，認為農作

世界人口的變遷（估計值）

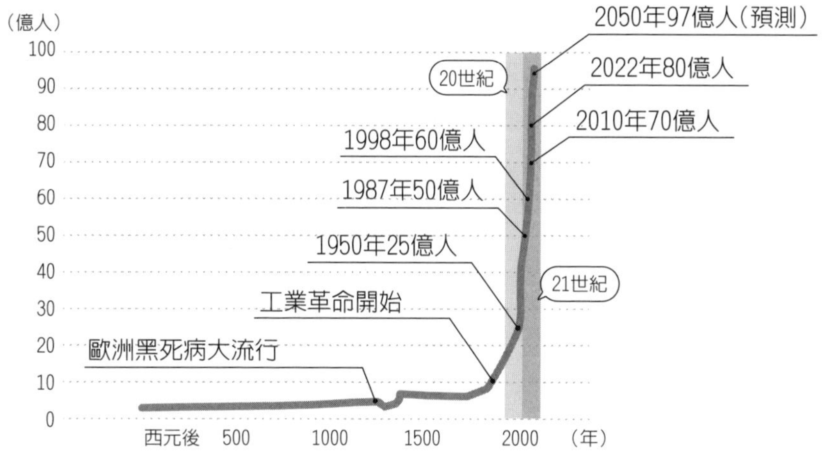

出處：參考自聯合國人口基金駐日事務所網站，由SB Creative株式會社製作

物的養分不是有機物而是無機物。也得知了肥料的三大要素爲氮、磷酸、鉀。腐植質最終也會由微生物分解出無機養分，再被植物吸收。

很長一段時間，氮肥是使用堆肥或動物的排泄物等天然肥料，或是南美產出的智利硝石（硝酸鈉）等天然資源製作。堆肥就是把家畜或人類的糞、尿等，和稻草、稻殼、雜草、落葉等混合在一起，經過一段時間後使之發酵。如此一來，糞或尿等就會經過細菌等微生物的作用而分解，轉換成植物也能吸收的無機物。

堆肥是很優秀的肥料，但製作上需要花費很多時間跟心力。肥料的需求一旦增加，堆肥等天然肥料就供不應求。

一九一三年，德國的哈伯跟博施開發出了將空氣中的氮與氫結合並合成出氨的哈伯—博施法，這是個劃時代的發明。

結果以氨為材料的各種氮肥被便宜、大量地製造出來。這種肥料跟前述的堆肥不同，是工廠製造出來的化學肥料。

化學肥料的出現，使得大量生產糧食化為可能。

為了擊退葡萄小偷，使農藥誕生!?

農作物會不斷歷經品種改良及栽培法的改善。以米來舉例，以前日本北海道是種不了米的。但現在北海道也能栽種了，像這樣經過改良，就能在原本氣候不適合的地方種植農作物。

但是這些品種時不時就會受到病蟲害，所以爲了防止疾病或害蟲，需要一些對策。回顧歷史，會發現許多國家就是無法應對病蟲害，才會發生大飢荒，也造成許多人死亡。

於是爲了對抗病蟲害，農藥就被開發出來了。

最初的農藥是「蚊香」原料的除蟲菊或植物煙草裡含有的尼古丁等天然產物。然而，這樣不僅需要大量除蟲菊或煙草葉，而且效果還沒有想像中的好。

然後十九世紀左右，化學製品開始被製造出來了，經常被使用的是硫黃，還有硫酸銅。

你知道現在也經常用於農藥的波爾多液嗎？

波爾多是法國廣爲栽種葡萄的地區，這個地方經常被偷葡萄，所以葡萄園的人們用硫酸銅和石灰混合，把葡萄噴成感覺有毒的樣子，並散布出去打算防盜。

結果葡萄的露菌病竟然也變得非常少發生。也就是說，硫酸銅和石灰的混合液可以成功預防露菌病發生。因此這個液體被冠上城市之名，農藥就稱為「波爾多液」了。

一九二三年使用了水銀化合物，將農作物種子浸泡在汞的水溶液中來防止病蟲害，或是為了殺死蟲而使用砷化合物。

之後為了發揮更強力的殺蟲效果，有許多人投入並挑戰製作新的農藥。

碰了就倒下！奇蹟的殺蟲劑「滴滴涕（DDT）」是什麼？

一九三九年，瑞士的穆勒發現了DDT。DDT是「雙對氯苯基三氯乙烷」這種物質的簡稱。

其實後來經過仔細調查，發現在DDT發表的六十年前就已經被做出來，是由學生們在研究所的化學實驗中練習合成出來的，但是當時還不知道DDT具有強力的殺蟲效果。

穆勒想要做出有強力殺蟲效果的農藥，所以研究了幾百種的各式化合物對蟲的效果。然後他終於發現了ＤＤＴ。

一般殺蟲藥的做法是把藥散播在葉子上，蟲吃了葉子後就會死，或是把藥混在餌中（塗抹），讓蟲吃下後，蟲就會死亡。

但是穆勒想要的殺蟲效果是無論是什麼蟲，只要碰到這物質就會死亡的強力殺蟲劑。甲蟲的幼蟲會對農作物有害，而他發現的ＤＤＴ只要一碰到甲蟲，或是只要一灑就能讓牆壁上的甲蟲掉落並死亡，ＤＤＴ就是這樣的農藥。

ＤＤＴ大量用於驅逐蚊子或蝨子，另外，在農業上也為了防止病蟲害而大量使用。

美國打贏戰爭是託了ＤＤＴ的福？

世界三大傳染病為愛滋病、結核病、瘧疾，這些病現在也奪走許多人的性命。

其中瘧疾每年奪走數十萬人的性命，瘧疾有很多種，最容易變成重症的是惡性瘧（又稱熱帶瘧），每天都會發燒，而偶爾會發燒的是三日瘧、間日瘧、卵形瘧。

得到瘧疾後，病人會產生惡寒、顫抖、高燒、腹瀉、腹痛、呼吸障礙等症狀，腎臟或肝臟被入侵後致死的病例也不少。

孕婦、產婦、愛滋帶原者、還有未滿五歲的幼兒特別容易得到瘧疾。這些人的免疫機能較弱，所以要是患上惡性瘧就容易重症化而死亡。

傳染病最容易發生的地方就是衛生很差的地點跟戰地，據說在熱帶、亞熱帶的戰場上比起敵人，更多士兵是因爲感染瘧疾等傳染病而死。

第二次世界大戰時，所有參戰國都害怕傳染病，所以士兵們要喝乾淨的水，或是喝下奎寧這種瘧疾特效藥，採取各種對策。但是隨著戰爭進行，補給路線被截斷，食物跟藥品也沒辦法送達前線。

日本也有很多人在戰爭中死於飢餓或傳染病。

美國和英國於是注意到ＤＤＴ，進行工業化大量生產。特別是美國將ＤＤＴ有效地加以運用。例如把衣物浸入ＤＤＴ中並送給前線的士兵，結果因爲ＤＤＴ的效果，停在衣服上的蚊子都死了，結果比起日軍和德軍，英軍和美軍一直都能處於較爲有利的戰鬥狀態。

另外，DDT不只殺蚊子，對蝨子或跳蚤、蜱等也有效，所以以此爲媒介的傷寒等傳染病患者也減少很多。

如果在人類的皮膚灑上DDT粉末，即使多少會吸入一點，看起來也不像對人體有害，特別是稀釋到五％左右，對人體可說是絕對安全。

戰爭結束後，美軍在日本人頭上灑的白粉是什麼……？

一九四三年九月八日義大利投降，盟軍來到拿坡里。拿坡里有很多飢民並流行斑疹傷寒。斑疹傷寒的媒介是蝨子，所以盟軍開始想辦法驅除蝨子。

隔年一月有一百三十萬市民被灑上DDT，斑疹傷寒的患者顯著減少。

同樣的事也發生在日本。

推測戰後日本約有兩百萬人左右得到斑疹傷寒，爲了驅除蝨子，會在小孩子的頭上灑下大量白粉，也就是DDT，而這發揮了作用，導致斑疹傷寒不再流行。

對害死一休和尚的「瘧疾」也有效？

DDT對瘧疾也有效。

過去日本本土也有三日瘧，另外石垣島或西表島等八重山群島上，除了三日瘧以外，也曾流行間日瘧或惡性瘧。

實際上，大家熟悉的一休和尚也是死於瘧疾，明治時代開拓北海道時，也有許多人喪命於瘧疾。

到了明治時代至昭和時代初期的這段期間內，更是日本全國都流行起瘧疾。

之前大戰時，因爲將人強制疏散到瘧疾發生地區，導致許多百姓死亡。

戰後因爲使用DDT作爲澈底預防措施，日本本土在一九六〇年以後、八重山群島在一九六二年以後，就沒有再發生瘧疾的本土病例，現在日本在WHO（世界衛生組織）

上是屬於沒有瘧疾的國家。

戰後美國開放民間生產ＤＤＴ，所以ＤＤＴ大量被用於農藥，效果非常好、對各種害蟲都有效又有持續性，所以農民們都開心使用。

只要使用ＤＤＴ或許就能根絕所有害蟲，當時被稱爲「化學奇蹟」，非常受到喜愛。

農藥造成的「寂靜的春天」。冬天結束了，春天也不來？

後來，ＤＤＴ的問題就浮上了檯面。關鍵的事件是一九六二年瑞秋・卡森發表的《寂靜的春天》這本書。

卡森專攻海洋生物學，並描寫海及海洋生物有關的小說，有一天卡森收到一封信。內容寫著：「灑了農藥後，小鳥從空中掉下來死了，會不會是農藥害的？」

後來卡森調查了相關內容的知識，從認識的人那裡取得一千篇以上的論文，讀完後就寫下了《寂靜的春天》。

ＤＤＴ等人類做出的合成化學物質每年都會被開發出來並投入使用，她主張：「專家只關心效果，但並不考慮效果的整體狀況，或長時間使用的影響」，以及「如果繼續使用ＤＤＴ這種殺蟲劑，接下來不會出現有抗藥性的蟲嗎？」

她並非主張「所以絕對不該使用合成化學物質的殺蟲劑」，而是表達「這些藥品沒有事先調查過會對土壤、水、野生生物、還有人類自己有什麼樣的影響，就直接投入使用了。政府應該採取更嚴厲的行政措施才對」，這就是《寂靜的春天》所想表達的內容，並在書中具體舉出各種例子。

《寂靜的春天》帶給世人很大的衝擊。這本書出版後半年內就印了超過一百萬本，成為暢銷書。書店大量陳列，也有許多人購買並閱讀。

然後也受到了相當多攻擊。是誰在攻擊她呢？是製造農藥的產業界。

「這是化學奇蹟，拯救人類的藥，為什麼要這樣批評呢？」當時卡森甚至連人格都被攻擊了。

但是她忍受了下來。她開始寫《寂靜的春天》時，也得知自己患了乳癌。知道自己不久於人世的她開始到處演講。

當時的美國總統甘迺迪，讀了《寂靜的春天》後深深受到感動，並要求科學顧問調查殺蟲劑的相關問題。美國總統科技顧問委員會還設置特別委員會，並發表報告書。內容則是支持《寂靜的春天》。

美國國家環境保護局成立，開始調查大氣污染、水污染、土壤污染等問題。首先是制訂「汽車排放廢氣中含有烴、氮氧化物、一氧化碳等，不削減至一成以下就不能販售」的規定。因此行政機關也受到了卡森的影響。

即使產業界批評卡森，但因爲灑了農藥，實際上的確有野生動物受害。

於是產業界也改變了，開始以生產持續性低、也就是容易被分解，不會殘留在生物體內，對自然環境比較友善的農藥爲目標。

停止使用ＤＤＴ真的好嗎？

但是《寂靜的春天》引發的影響眞的是好的嗎？這是個問題。

美國政府或世界各國，爲了撲滅開發中國家的瘧疾給予了相當大金額的援助。

但因爲美國國民相當反感ＤＤＴ，所以援助也停止了。而推估開發中國家因爲中止援助，每年有數百萬人亡於瘧疾。

有個極端的例子，斯里蘭卡從一九四八年開始到一九六二年間，因爲定期散布ＤＤＴ，所以原本每年兩百五十萬人的瘧疾患者減少到三十一人。這可是非常厲害的數字。但因爲斯里蘭卡政府說是瘧疾已被撲滅，停止了散布ＤＤＴ，於是瘧疾患者人數又回到原本的樣子。

但也有可能只是瘧原蟲對ＤＤＴ產生了抗藥性也說不定，所以如果再次開始噴灑ＤＤＴ，效果還會不會那麼好，誰也不知道。

現在對蚊子有效又便宜的藥劑也只有ＤＤＴ了。

二〇一六年後ＷＨＯ祭出方針，他們比較瘧疾風險跟ＤＤＴ的使用風險，如果發生瘧疾的風險高，可允許在家裡牆壁等地方使用少量噴霧ＤＤＴ。所以現在有些國家可以使用ＤＤＴ。

而現在也在開發可以眞正替代ＤＤＴ、不會對野生動物造成影響，對環境友善的藥品，如果有這種藥且能便宜普及是最好的，也必須以這些藥品爲目標吧。

「夢幻物質」？「死亡物質」？

一開始被說是夢幻物質，後來卻被視爲不好的物質的還有氟氯碳化物。日本多半稱爲「furon」，美國則是叫「氟利昂（Freon）」。正式名稱爲「Chlorofluorocarbons」，有好幾個種類，但都統一稱爲氟氯碳化物。

自然界沒有氟氯碳化物，這是人類合成的合成物質。在二十世紀初被開發出來，因爲化學性質安定，還容易液化，所以以冷氣及冰箱冷媒形式被大量使用。另外，因爲不可燃，所以在噴霧瓶中也會作爲增壓功能而加入氟利昂。

但這個人類認爲的夢幻物質，後來發現會破壞臭氧層。

而現在改用氫氟氯碳化物（HCFC）、氫氟碳化合物（HFC）來代替氟利昂。結果替代用的氣體溫室效果很強，地球也因此持續暖化。

而這也造成糟糕後果，現在爲了取代替代用氣體，改使用異丁烷這類碳跟氫結合的物質，異丁烷點火後就會燃燒，所以跟氟利昂相比有些不便。

而目前冷氣主要使用的還是HCFC等替代氣體。

雖然冷媒未來應該會改用其他替代品，但目前冰箱裡還是灌有冷媒。

像這樣看完DDT或氟氯碳化物的例子後，就知道長期的安全性及對環境的影響，在物質被製造出來的當下其實是不能預測的。未來如果出現問題，早日誠實面對並處理問題、想出對策、加以執行是很重要的。

這就是DDT及氟氯碳化物的故事的結論。

第11章

合成纖維

為什麼絲襪的線那麼細，卻很強韌？

為什麼人類學會穿衣服了？

人類的祖先曾經是赤身裸體過生活的，但是現在的我們卻不是裸體，而是穿著衣服。動物中會穿衣服的只有人類而已。

可以赤身裸體舒服過活的氣溫約爲攝氏二十八到三十一度，如果穿上衣服就能把範圍擴大，並能保護人體不受寒冷或紫外線等自然環境的威脅侵害。另外，也可以防止接觸或跌倒等引起的外傷以及蟲咬等。

用樹皮或毛皮包覆身體，防止寒冷或外傷侵害身體，應該就是衣服的起源吧。

另外，發明骨製縫針後，人們開始能在毛皮上縫袖子。而從植物取出纖維並織在一起，也就做出了布來。

日常生活使用的布是怎樣做出來的？

布是用線所織成，而線是由細長的高分子所構成的纖維拼合而成。

纖維大致可分爲天然纖維和化學纖維。

天然纖維可再分爲棉、麻等植物纖維，還有絹或羊毛等動物纖維。化學纖維則有嫘縈等再生纖維，或是醋酸纖維等半合成纖維，還有尼龍（耐綸）、聚酯纖維、壓克力纖維等合成纖維。

從古至今使用的幾乎都是天然纖維。

一八八四年化學纖維誕生，天然纖維也被稍微改良，加工後變成再生纖維，這是將天然纖維或蛋白質加以溶解，變成纖維狀，再做成線。

天然纖維成分中最有名的是纖維素，纖維素連結了很多葡萄糖這種小分子，而纖維素的一部分稍微改成其他的化學性質後，再以此爲基礎做成纖維的產物就稱爲「半合成纖維」。

而合成纖維是不使用天然纖維（如植物纖維或動物纖維等）作爲原料，一〇〇%皆爲人工製造的纖維。

巨大分子「高分子」是什麼？

我們現在知道纖維是由高分子所組成的。

但高分子本身也還算是挺新的觀念。化學家開始主張有些物質是由高分子所組成這件事，是從一九二〇年代左右才開始，而且高分子一說當時還受到許多批判。因爲至今還沒有化學家想過會有高分子這種大分子。

一九二〇年施陶丁格發表澱粉、纖維素及蛋白質等分子是巨大分子。

普通的水只需要兩個氫原子和一個氧原子就結合成水分子了，就算是冰，也只是水分子的連結方式不同而已。

但是施陶丁格所說的高分子，是依據多少物質相連而決定，分子的大小分布也有其範圍。

反對這論點的人們主張，應該實際上是小分子，只是聚集在一起的緣故，所以乍看很大而已，這個論爭發生在化學最爲進步、也聚集許多化學家的德國。

一開始高分子說是少數派，但後來漸漸變成多數派，高分子說也變得理所當然了。

而這個重大轉折點就是尼龍的出現。

纖維是由巨大分子、也就是高分子所構成。高分子並不只是小分子聚在一起，而是許多原子確實連結在一起後變成巨大的高分子。

高分子的形成單位爲「monomer」，中文稱爲「單體」。「monomer」的「mono」是指「一個」的意思，而聚集很多單體並相連下的東西就是聚合物「polymer」。polymer的「poly」就是指「很多」的意思。

聚合物就是由幾百幾千個單體相連而成。

單體相連的方式有所不同!?

事實上，單體的相連方式可分成兩種。

一種是單體連結時，沒有失去其他東西而相連，用想像的話，就像是大家把手張開互相握著的連接方式。

另一種是連結時把小分子（如水或二氧化碳等）排除，再互相結合的方式。這種方式

加成聚合和縮合聚合

加成聚合

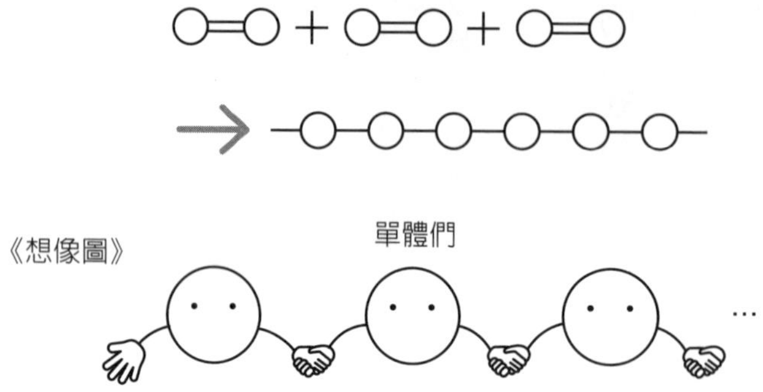

縮合聚合

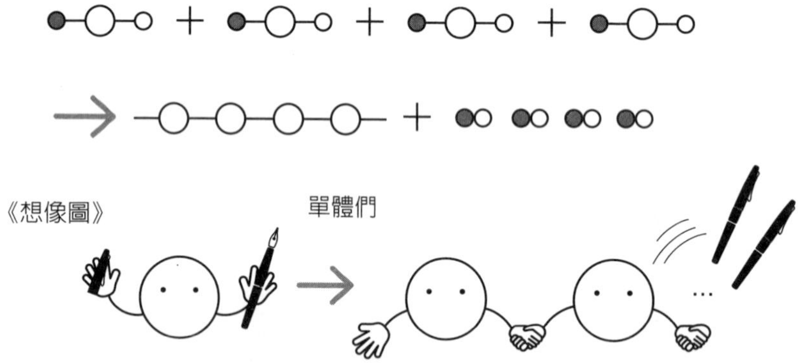

出處：參考自Tryit網站，由SB Creative株式會社製作

的想像圖，有點像是一個人拿著鋼筆筆蓋，另一人拿著鋼筆本身，牽手時要先將筆組合在一起後一起放開，手才能握在一起。

單純相接的狀況，我們稱爲「加成聚合」。相對地，如果把簡單分子排出後才相連，就像是縮水後相連，所以叫做「縮合聚合」。

巨大的高分子就這樣完成了。

「合成橡膠」是怎樣製造出來的？

尼龍的發明者卡羅瑟斯原本是哈佛大學的教授。後來，他被挖角到美國的大型化學公司。爲什麼公司要挖角他呢？

是爲了基礎研究。

當時人們還在議論有沒有高分子形成的物質，作爲基礎研究，卡羅瑟斯想確認高分子說，所以進了大型公司。

然後他活用所有自己底下的研究人力，針對單體或許會連結成聚合物這個主題進行各種研究。

然後到了一九三一年，一開始做出來的是氯丁二烯橡膠這種合成橡膠，這是自然界不存在的橡膠。

要做出天然橡膠需要切割橡膠樹皮，將流出的白色樹液蒐集起來，混入硫黃。如此一來，黏稠的樹液就會變成具有彈力的硬橡膠。

既然明白天然橡膠的成分，那只要將成分中最簡單的，也就是將單體組合在一起（聚合），就能重現出天然橡膠也說不一定，這就是最初的研究。

但是天然橡膠卻無法用人工方式重現。

然而，當他們將被認爲是單體的物質一部分替換爲氯原子並連結在一起後，創造出了氯丁二烯橡膠。這種合成橡膠經由工業生產後流通到市場上，這就是合成高分子化學工業的開端。

為什麼絲襪的線那麼細，卻很強韌？

卡羅瑟斯想要做出可以代替棉或絲等天然纖維的合成纖維。他一開始想以類似棉花的植物纖維來作爲原料，製造纖維並做成線，但進展並不順利。纖維雖然強韌但不耐熱和水，無法實際運用。

然後他果斷放棄模仿植物纖維，改爲關注蠶所吐出的絲。然後他決定要做出跟絲類似的纖維，於是試了幾百種組合。

前面有提過「牽手」的組合方式，就是用那樣的方法一一嘗試了幾百種組合。他麾下的二十幾名研究員全都努力投入這項研究，比起新發現，更像是一個個確認每種組合。某種意義上可說是地毯式搜索，非常樸素。

到了一九三四年，終於找出將己二胺和己二酸這兩種藥品加以聚合，用熱融化後將黏液拉長，變成線後就找出了性質優於絲的物質。

一九三五年，尼龍取得了專利。

尼龍絲襪誕生！五百萬雙在四天內就賣光？

一九三八年建立了尼龍的試驗工廠（在正式工廠前的實驗工廠），而正式工廠則於一九三九年建立。爲了提高尼龍的品質，當時投入了兩千七百萬美元及兩百三十位的研究員。

然後一九三八年十月二十七日，預告將要販售尼龍絲襪。宣傳文宣主打「比蜘蛛絲還細，比鋼鐵更強韌的纖維！」這比過去已知的任何纖維都更強韌又更柔軟，這就是新合成纖維尼龍的宣傳詞。

關於尼龍這名字的由來有諸多說法，最有力的是「NO－RUN」。RUN是指跑步的「RUN」。這是指「線不會跑掉」，也就是「不會脫線」的意思。這個說法認爲是故意從「不會脫線」的諧音誕生出尼龍這個詞。

尼龍絲襪在一九四〇年五月十五日開始販售，因爲已經事前預告，所以所有人都引頸盼望這一刻。

過去的絲襪都是由日本產的絲所製成，觸感柔和並有著美麗的光澤，但是容易脫線且相當昂貴。

尼龍絲襪即使比眞絲還要稍貴一些，但是衆人對它的優異機能抱有莫大期待。

發售日當天，人們的興奮之情到達顚峰，爲了有限的絲襪存貨而殺入襪子賣場，據說五百萬雙絲襪只在四天內就賣光了。

美國將絲襪稱爲「尼龍」，就是因爲尼龍絲襪的出現具有如此大的衝擊性。

而發明者卡羅瑟斯卻沒有親眼看到尼龍的成功，他在四十一歲就自殺了。他飽受憂鬱症所苦，死前數年一直擺脫不掉覺得自己是失敗者的妄想。

尼龍的成功重挫日本的蠶絲業？

尼龍登場後，絹製（也就是絲製）的絲襪就衰退了。

過去都是使用日本產的絲，所以尼龍對日本絲業有很大的影響。

而尼龍不只是用於絲襪或衣服，其他還用於手術線、釣魚線、繩子、降落傘、輪胎簾布（為補強輪胎而在橡膠中加入纖維）等。

尼龍的成功使得高分子說得以勝利並確立下來。基於理論的高分子化學工業，可說是從尼龍的誕生開始發展的吧。

日本在那之後也取得了尼龍並開始分析，但是這不是馬上就能取得的原料。

因此日本開始打算開發其他東西，一位名叫櫻田一郎的京都大學化學纖維研究所教授於是開始研究。

「我們來製造日本現在的工業、現在的技術可以做出來的東西吧，我們要做出不輸給尼龍的合成纖維，我們必須做到。」櫻田教授下定決心，並開發出維尼綸這種纖維。

如果說維尼綸是洗衣膠的成分聚乙烯醇，應該比較好懂吧。洗衣膠就是將聚乙烯醇這種高分子溶解在水中的溶液。聚乙烯醇含有大量氧原子 O 跟氫原子 H 結合後的氫氧基（-OH），所以是跟水親和度很高的高分子。

日常生活中擁有很多氫氧基（-OH）的高分子，纖維素也是其中之一。纖維素是紙跟棉的成分，也擁有大量氫氧基（-OH），所以紙或棉跟水的親和度也很高。棉製毛巾親水，所以很容易吸水，很好擦汗。尼龍就不一樣了，尼龍不太親水，所以尼龍製的毛巾不好擦汗。

聚乙烯醇擁有很多氫氧基（-OH），所以你覺得直接做成纖維會怎麼樣呢？就會成爲能溶於水的纖維。如果要問怎麼會這樣？解答就是氫氧基（-OH）會跟其他東西起反應而被破壞。這個破壞方式可以透過調整成稍微親水、完全不親水等各種比例來改善。於是維尼綸這種纖維就由日本開發出來了。

日本曾因尼龍而吃了不少苦頭，所以報紙就報導了「日本的尼龍出現了」。

倉敷縲縈（現名：可樂麗）馬上將之工業化。

維尼綸就像尼龍一樣強韌，觸感跟吸水性接近棉花。尼龍是以眞絲爲目標，而維尼綸則是以棉花爲目標想要加以對抗。

我還是中學生時，穿的制服就是維尼綸製。

尼龍出現以後，就有很多合成纖維，特別是聚酯纖維、壓克力纖維，還有尼龍都成爲了合成纖維的主力。日本除了聚酯纖維以外，以產量順序排列，接下來是壓克力纖維、縲縈、尼龍。

聚酯纖維非常強韌，是不容易起皺的纖維，即使洗了也馬上就能乾，另外很容易加工爲永久保持的皺褶（Permanent pleats），也就是可以直接做出褶（褶皺）。壓克力纖維則是非常蓬鬆輕盈的纖維，在合成纖維中性質是最像羊毛的。毛衣或是貼身衣物、毛巾等會使用。

我們出生的時代不只使用天然纖維，也穿著用合成纖維製成的衣服。

第12章

塑膠

紙尿布的吸收力為什麼這麼厲害？

首先，什麼是「塑膠」？

我們的生活中可說是被塑膠（合成樹脂）給包圍著。

文具、容器、餐具、包裝材料、防水布等，有很多東西都是塑膠製。特別是包裝產業及建築產業使用很多塑膠。

塑膠製品跟金屬相比輕且軟，觸感帶有一些溫度，然後也不會導電或導熱。

塑膠也叫做「合成樹脂」。

說到樹脂，就是樹皮受到傷害後分泌出帶有黏性的液體並凝固後的東西，最有名的是松脂。傷害樹皮並凝固後的成品就是天然樹脂。

相對天然樹脂，塑膠是人工製造、人類所發明的材料。主要是以石油爲原料製造，從一九五〇到一九六〇年代開始，塑膠產業已經蓬勃成長到可以被稱爲塑膠時代的程度，現在塑膠製品已經擴及到所有產業。

有遇熱變軟的塑膠，也有遇熱變硬的塑膠？

塑膠這個詞來自希臘文中的「Plastikos」這個形容詞，也就是有可塑性的意思。可塑性也可以簡稱爲塑性。

材料都帶有彈性跟塑性。

彈性這種特性，是指施加力量在物體上時就會收縮（拉長），停止施加力量後就會恢復的性質。有彈力的物質就稱爲彈性。壓桌子時也會微微收縮，停止施壓後就會恢復，這就可以說桌子「有彈性」。

加在物體上的力量變大後就會失去彈性，恢復不了原狀，並維持變形後的狀態。這就是塑性。

塑膠就是擁有塑性的物質。

另外，塑膠跟合成纖維一樣，也是由聚合物這種高分子所構成。

塑膠可依據加熱後的不同變化，分爲熱塑性塑膠及熱固性塑膠。

熱塑性塑膠可以在柔軟時注入金屬製的模具，凝固後就會變成模具的形狀。

熱塑性塑膠有很多種類，較有名的是聚乙烯（PE）、聚氯乙烯（PVC）、聚苯乙烯（PS）等。加熱後會變軟，再由模型壓出成型。熱塑性塑膠的單體大致上爲線形或鏈狀連結的高分子。

相對地，熱固性塑膠則是加熱後會變硬，所以和熱塑性塑膠有很大差別。加熱會變硬的原因是因爲跟鏈狀的熱塑性塑膠相比，熱固性塑膠的單體並不是鏈狀排成一直線的，而是立體網狀。

熱固性塑膠加熱後網狀會形成更強的連結並凝固，所以加熱後不會變軟。熱固性塑膠中最有名的是酚醛樹脂（PF），這種樹脂是六角形苯環中連結很多OH，並以立體方式組合而成。

歷史上第一個人工合成出來的樹脂是電木（Bakelite），它也是一種酚醛樹脂。其他有名的熱固性塑膠還有美耐皿樹脂（Melamine Resin）或尿素甲醛樹脂（UF）。

就像食堂的桌子，有的桌板不是用木頭或玻璃，而是塑膠製的。

而這些桌板上會置放熱食，如果是用熱塑性塑膠的桌板，就會留下痕跡。如果放上裝了熱水的茶杯，應該會留下茶杯底部的圓形凹洞吧。因此塑膠桌的桌板，是用美耐皿樹脂這類熱固性塑膠製造。

主要的塑膠都是熱塑性塑膠，例如塑膠袋或塑膠容器，都是以熱塑性塑膠製成，因爲可以輕易加工成各種形狀。

塑膠誕生的背後有著撞球懸賞!?

賽璐珞的誕生最初是在美國，是爲了遊樂目的而被打造出來的。過去成人的娛樂種類並不多。

其中，撞球幾乎可說是唯一的成人娛樂，所以非常流行。最初的撞球是象牙製的，所以生產漸漸趕不上需求，開始需要撞球的代用品，製作撞球的公司於是提供懸賞，宣布「要是做出代用品就可獲得一萬美元」。

一般說法是，賽璐珞是由想參加懸賞的海厄特（Hyatt）兄弟於一八六〇年代後半發明，實際上海厄特兄弟只是買下其他人發明的專利而已。眞正的發明者是一八五〇年代中期的英國化學家帕克斯。他將硝化纖維素和樟腦揉合後就做出賽璐珞，並取得了專利。

纖維素是植物纖維產生的天然高分子，由許多葡萄糖分子連結而成。在棉花、麻、木材等材料裡含有很多。

纖維素在分子內擁有氫氧基（-OH），把 OH 的 H 換成一個氮原子跟兩個氧原子所結合成的 NO_2 後，就可以變成硝化纖維素。另外，把幾乎所有的 OH 都換成 NO_2 的話，就會變成硝化棉。

賽璐珞當初沒被實用化，所以帕克斯把專利賣給了海厄特兄弟，他們開始開發賽璐珞。

賽璐珞原本就是由纖維素加工後跟樟腦等天然材料一起混合製成的產物，所以稱爲「半合成塑膠」。

在室溫下使用賽璐珞是沒問題的。

但是如果溫度升高，就會發生自燃或是變形問題。例如，賽璐珞做的餐具如果放在日照強的地方，溫度升高後就會變形，無法恢復原狀。

海厄特兄弟做出代替象牙撞球的代用品後，獲得了獎金。

另外，海厄特兄弟不只用賽璐珞做撞球，還做了各種產品。例如，他們也做了相機底片。一八八九年，美國發明家喬治・伊士曼使用了賽璐珞製的底片。然後愛迪生也用它來當作電影膠片。當時電影播映形式還是限制單人觀看，人們可以從洞中窺看電影——也就是說，只有一個觀眾可以看見電影裡的演員打了噴嚏，後來製作出可以投影在牆壁上的電影播映方法後，電影產業大為興盛。

但賽璐珞最大的問題是原料硝化纖維素相當易燃，所以賽璐珞也很容易燒起來。

因此膠片是賽璐珞製的話，電影院就時不時會發生火災。一九八四年日本東京的國立近代美術館膠片中心（現：日本國立電影資料館）也發生了火災。原因被認為是賽璐珞膠片自燃。

所以保存賽璐珞製的膠片時，必須搭配空調保持一定的低溫。但因為天氣涼了就會把空調關掉，結果隔天溫度上升，到了中午到達了三十幾度，就發生了自燃。因為會發生這樣的事情，後來就不再使用賽璐珞膠片了。

是誰發明了合成塑膠？

一九〇七年的時候，美國化學家貝克蘭發明了合成樹脂電木（Bakelite）。貝克蘭用自己的名字來幫合成樹脂命名，並於一九一〇年十月在美國成立公司，成功進行工業化生產。

世界進入了電氣的時代，所以不會導電的絕緣體也開始變得重要，例如電線短路時就很危險。所以電器用品也需要不會導電的部分，也就是絕緣體。而電木就作為電器產業的絕緣材料被運用，另外電木也可以成為機械用品、容器、家具等的材料。

從化學角度來看，電木是酚醛樹脂（PF）這種熱固性塑膠的一種。

賽璐珞是把纖維素這種天然物質經過化學處理後製而成，而電木和它不同，是當時煤化學工業的產品。在石油變成化學工業的主要原料之前，煤炭才是主要原料。將煤炭製作成碳化物時會產生乙炔氣體，而再以此爲原料，可以做出各種東西，變成煤化學工業的產品之一。因此電木是第一個完全由煤炭系的原料製作而成的塑膠材料。

而電木後續也掀起了新興的塑膠研究熱潮。

世界四大塑膠是哪些？

現在世界上塑膠生產量最多的順序是：聚乙烯（PE）、聚丙烯（PP）、聚氯乙烯（PVC）、聚苯乙烯（PS）。這四個被稱爲「四大塑膠」。

然後這些都是熱塑性樹脂，所以構造很相似。

聚苯乙烯（PS）是一九〇〇年代製作出來的，以塑膠來說是新產品，因爲有發泡性，所以又被稱爲泡沫塑膠。

塑膠的原料也大多從煤炭變成了石油、天然氣。它的原料來自原油分餾後會得到的輕油（石腦油），當中會有碳原子跟氫原子結合的碳氫化合物。

塑膠袋跟塑膠容器哪種是施加壓力製成？

來談談日常生活中的塑膠，也就是聚乙烯（PE）吧。

在日常生活中經常可以看到的聚乙烯製品是塑膠袋。這不只是因爲容易加工成薄膜，也是因爲薄膜之間可以很輕易透過加熱來融合在一起，所以很容易加工成袋子，變成各種形狀。

聚乙烯是以兩種方法製造的，一種是高壓法，還有一種是低壓法。

想像一下，是不是覺得高壓法需要施加許多壓力，就會製造出堅固的聚乙烯呢？實際上不是這樣的，高壓法做出來的反而是低密度的聚乙烯，而低壓法做出來的則因爲高分子的分枝較少，所以是高密度的聚乙烯。

普通的塑膠袋是低密度聚乙烯，所以是以高壓法製作。而低壓法做出來的高密度聚乙烯則不透明且堅硬，通常會被做成塑膠容器。

紙尿布的吸收力為什麼那麼厲害？

在機械裝置等領域中，代替金屬等物成爲材料的塑膠稱爲「工程塑料」，並開發出了在強度、耐熱性、耐磨性等各方面有優秀機能的工程塑料。特別是聚碳酸酯（PC）、聚醯胺（PA）、聚甲醛（POM）、聚苯醚（PPE）、聚丁烯對苯二甲酸酯（PBT）這五種塑膠材料，被稱爲「五大工程塑膠」。

而且耐熱溫度達攝氏一百五十度以上，可長時間存在高溫嚴酷環境中的稱爲「超級工程塑料」。

在分子設計時就會考慮到很多功能的「功能性塑膠」也被開發出來。我們生活周遭就有高吸水性樹脂。它是粉狀塑膠的一種，用來做成紙尿布。高吸水性樹脂◯・五克加上一千毫升的水後就會變成膠狀凝固，而這種樹脂可以吸收比本身質量多數百倍的水。

現在塑膠也能回歸塵土了!?

塑膠最大的問題是因爲它是人造產物，所以沒有微生物會吃它來獲取能量，因此塑膠不會分解而會一直殘留在環境中，造成很大的問題。塑膠因爲性質安定而不易變化，這在使用時是很大的優點，但一旦用完，就因爲太堅固了反而變成很大的問題。這就是塑膠廢棄物的問題。

散落在自然環境中的塑膠製品，很多光是回收都很困難，像是纏住水鳥腳部的釣魚線，堆積在海龜等海洋生物體內的塑膠袋或粒子等，塑膠垃圾威脅野生動物性命，也會傷害環境，導致許多問題。

爲了解決這個問題，人類持續開發生物可分解塑膠，生物可分解塑膠使用時跟一般塑膠一樣，而用完會被自然界存在的微生物分解爲水跟二氧化碳。

像是覆蓋在田裡農作物幼苗外圍土壤的農地膜，如果使用可分解塑膠的話，就會在土裡化爲水跟二氧化碳；另外，也可用在家庭或餐廳裝食物的塑膠袋或一次性餐具、飲料杯，生物可分解塑膠就會和吃剩的食物一起分解，而能成爲堆肥等的資源。

第13章

石油

石油、汽油、煤油、柴油、重油……差別在哪？

人類使用的能量來源是如何變遷的？

人類有史以來就會使用的燃料是木頭，也就是木柴或木炭。後來從木炭變成了石炭（煤炭）。

人類開始煉鐵後消耗了大量木炭，也因砍伐森林造成森林減少，面臨了嚴重的木材不足。

因此十二至十三世紀時，英國及德國開始正式開採石炭，並使用石炭蒸餾形成的焦炭轉向近代製鐵。

後來石炭消費量大幅成長，工業革命興起後，蒸汽機也使用石炭運轉，石炭也成為人類生活的主要能源，而當時還不知道有石油的存在。

西元前的埃及曾使用瀝青作爲木乃伊的防腐材料，但他們並不認識石油。

一八五九年是世界首次開始開採石油。美國技師德瑞克開發了使用蒸汽機邊打入鐵管邊開採石油的技術，這個方法使得石油產業誕生於一八五九年。

在沒有電燈照明的時代，煤油被用來照明。

接著汽車引擎也用了汽油。

特別是一九〇三年美國開始大量生產汽車，汽油需求大幅增加。

石油不只是能量來源，也是石油化學工業的重要原料。從二十世紀後半開始，石油化學工業取代過去的煤化學工業，從醫藥品到染料、合成纖維、塑膠、合成橡膠等都以石油化學工業為中心。

石油、汽油、煤油、柴油、重油……差別在哪？

簡單來說，石油就是碳原子跟氫原子結合而成的物質，也就是碳氫化合物。依據結合的碳原子數量，分子性質也會有所不同。

石油的源頭被稱為原油，依據開採場所不同，原油成分也會不同。首先原油挖出來後會進行分餾。

所謂的分餾，就是用沸騰溫度（沸點）來區分成分的方法。

液化石油氣LPG的碳原子數是三～四，以物質來說就是液化石油氣或丁烷。

汽油的碳原子數是五～十，沸點攝氏三十～一百八十度，用來當作汽車燃料汽油或石油化學工業的原料輕油。從輕油可以做出乙烯、丙烯、苯等石油化學工業的原料。

煤油的碳原子數十一～十五，沸點攝氏一百八十～兩百五十度，家庭用燃料或噴射機燃料。

柴油的碳原子數十五～二十，沸點攝氏兩百五十～三百二十度，柴油引擎的燃料。

剩下就是重油、船舶燃料，再分餾後剩下的黏稠的固體狀物體就是瀝青。

從石炭到石油，能源為什麼一直轉變？

第二次世界大戰後，中東因爲擁有豐富石油資源所以進行開發，而油船大型化使得石油可以大量輸送。

石油的運費低且易燃，透過管線可以送去各種地方，燃燒後幾乎不會留下灰燼，像這樣的燃料相當優秀，所以石油就取代了石炭，而被大量使用。這是第一次能源革命（譯註：日文習慣稱呼，中文沒有對應名詞）。

然後從煤化學工業轉移到石油化學工業，製作化學製品的原料也變了，這是第二次能源革命。

如果不區分第一次、第二次的話，就會單稱「能源革命」，指的是從固體石炭變成流體（液體跟氣體）的石油和天然氣，依據情況也會說是「能源流體化」。

我們的時代如果從工具來看，可說是鐵器文明的延伸，而動力源、製造各種東西的原料、產生電的能量來源都使用了石油，所以從能源角度來看，現在也可以說是石油文明的延續吧。

如果我們查看二〇二〇年全世界的一次能源消費量，石油佔三十一．二％、天然氣二十四．七％、石炭二十七．二％、核能四．三％、水力六．九％。

現在是以石油爲中心的文明，但石炭依舊作爲能源持續使用。

日本現在於北海道還在進行少量石炭開採，但目前日本使用的石炭幾乎都是仰賴進口。

石油原本是生物的屍體!?

關於石油是怎麼形成的，這點至今仍然成謎，有很多不明之處。有生物起源說跟非生物起源說。非生物起源說又稱為無機成因說。這個論點認為石油的出現跟生物無關，不過目前有力的是生物起源說。

因為石油中含有跟製造血紅素（我們的紅血球中擁有，可跟氧結合運送氧氣的紅色素）一樣的環形分子，如果石油不是生物所構成的，應該不會有這樣的東西才對，所以目前生物起源說較為有利。

而生物起源說中最有力的是「油母質說（kerogen）」，這個觀點是生物屍體堆積在海底或湖底，然後成為油母質再變成石油。

非生物起源說（無機成因說）則是認為地球形成時，被封鎖在內部的碳氫化合物因熱和壓力而形成石油。也就是認爲太陽系在形成時，或許就已經有石油來源的碳氫化合物（太初物質）存在於地球中心，並且在地底產生各種反應，同時冒出地面後就變成石油。因爲考慮到以前不存在生物的地方也有石油田，所以也很難完全否定這個說法。

一石油桶是多少公升？

石油桶這個單位即使是在英國和美國法律上也不被承認。但舉例來說，即使法律不承認「碼」這個單位，也還是有一部分的國家持續使用，所以「石油桶」也經常在石油產業中使用。

這是因爲過去石油裝在木製空酒桶裡運送，以酒桶爲單位來交易，所以一石油桶指的是一個酒桶裡盛裝的石油量。

以石油來說，一石油桶是一百五十九公升，普通的汽油桶大約是一百八十公升，所以大概少了一成左右。

石油還可以再用幾年？

你以前有沒有聽過再二十、四十年後就會沒有石油了的說法？

在我還是高中生時，擔任班導的化學老師就在黑板上寫下「石油只剩三十年」，我當時相當震驚。

如果以當時十八歲的三十年後來看，就是我正值壯年四十八歲時就會沒有石油。結果經過調查後，發現這只是可採年數，並不是實際上挖掘地底，調查石油蘊藏量的結果。而是用推測值、石油生產量等實際的年生產量來大致算成可開採年數。

到了二〇一八年，可開採年數剛好是五十年。我年輕時是三十年，結果經過了三十年後還有四十年的可開採年數，而現在還維持著四十年、五十年的可開採年數。

我想恐怕從二〇一八年過了五十年後，也不會變成無法再開採石油。

而在這段時間又會發現並確認了新的石油資源，也會節能或轉向使用其他能源。

另外，還有可能發現新的開採方法，可以開採岩石滲出的石油，或是岩石縫間的瓦斯等。可以從油砂或油頁岩（含有頁岩油的岩石）等抽出石油的技術也在進步，從這些地方開採出的石油也逐漸進入商業化階段。

二〇一一年福島第一核電廠事故使日本停止核能發電，而這部分的供電需求不得不改用石油或石炭、進口天然氣等來彌補。當時美國正在進行頁岩油革命，所以日本從美國進口石油、天然氣、石炭，總算是撐了過去。

石油開採後經過運送、精製、到石油製品的消費，跟環境問題有著千絲萬縷的緊密關係，特別是跟大氣污染、地球暖化有直接關聯。

你覺得「溫室氣體是壞東西」嗎？

你是不是覺得「溫室氣體是壞東西」？

基本上，溫室氣體不是壞東西，正因爲有溫室氣體，地球的平均溫度才能保持在十四度。

地球受到陽光加溫，而地球被加溫後釋放出紅外線，透過釋放紅外線，把熱能釋放回宇宙。放出紅外線後，地球就會冷卻。地球溫度的能量平衡，受到日照能源、經地表或大氣放出的紅外線能量影響。

放出的紅外線不會全部進入宇宙，一部分會被溫室氣體吸收，再傳回到地表，經過這個作用，地表及地表附近的大氣就會被加溫。

如果大氣中沒有溫室氣體，地球的平均氣溫會是負十九度。現在實際上是十四度，所以會有三十三度的落差，這個落差就是多虧了溫室氣體。

加溫地球的溫室氣體，最主要的是水蒸氣。粗略以數字表示的話，水蒸氣在溫室氣體中大約貢獻四十八％，二氧化碳是二十一％，雲（由水滴或冰珠構成）爲十九％、臭氧有六％，其他爲五％。

如果問理科大學生「地球的大氣是靠溫室氣體來保溫的，那麼『溫室氣體中最具溫室效應的是二氧化碳，對還是錯？』」很多學生都會搞錯。

學生們不知道水蒸氣才是溫室氣體的主角，應該是從新聞上看到「地球暖化是因爲受到二氧化碳等溫室氣體的影響」等資訊，所以覺得二氧化碳才是地球暖化的主要角色吧。

但是地球暖化問題中，二氧化碳確實是主角，這說法又是爲什麼呢？

長期來看，地球氣候一直都有所變化，現在國際上擔心的是地球整體氣溫上升帶來的後續現象，並稱爲「地球暖化（或是單純說是暖化）」。

一般認爲地球暖化是因人類活動變得活躍，而導致溫室氣體被大量釋放到大氣中而引發的。

而其中主要的是二氧化碳（CO_2）和甲烷（CH_4）、一氧化二氮（N_2O）、氟氯碳化物這四種。全部都是溫室氣體。

其中成爲問題的是二氧化碳，一七六〇年代開始的工業革命，因爲過去使用人力、畜力、水力的動力裝置都改爲使用化石燃料（石炭、石油、天然氣）作爲動力來源，另外因爲交通發展而使得工廠或發電廠、汽車、飛機還有一般家庭釋放出大量的二氧化碳。

這是因爲人類活動而放出的二氧化碳。

大氣中的二氧化碳濃度從工業革命前的二百八十 ppm（〇・〇二八％）提高到現在超過四百 ppm。

溫室效應沒有視估了四十八％的水蒸氣爲問題，而將二氧化碳視爲問題，就是因爲水蒸氣會透過大自然的機制進行增減，而相對地二氧化碳是因人類活動的關係，導致排出量持續增加，對地球暖化造成很大的影響，所以需要採取對策。

經由人類活動排出的水蒸氣，和大氣、海洋、冰雪、陸地上的水（河或湖等陸地上的水分）等循環的水量相比，幾乎可以無視。

人類活動排出的二氧化碳增加，使得地球溫度上升，而導致水蒸氣量增加，又使得溫室效應更加嚴重。由ＩＰＣＣ（政府間氣候變化專門委員會。由國際專家組成，針對地球暖化蒐集科學研究並加以整理的政府間機構）公開的評估報告中，也提到這個交互影響：「二氧化碳量增加↓地球溫度上升↓水蒸氣量增加↓地球溫度上升」。

除了二氧化碳以外還有甲烷、一氧化二氮、氟氯碳化物也是要減少的對象。

甲烷的影響僅次於二氧化碳，也引發不少擔憂，當有機物在無氧環境下被分解就會產生甲烷，在濕地或是稻田、垃圾堆中會產生，其他還有豬或羊等家畜身上也會排出。在澳洲會幫羊接種疫苗，透過減少食物消化來降低甲烷排出量。

化學界現在是以綠色化學爲目標，綠色化學就是指不排出有害物質，減少廢棄物產生，有效利用能量與資源，以及思考不會引發事故的安全方法，即時分析以防環境污染等，以上述五點爲目標。

謝辭

作為結語，請容我致謝給予原稿建議的《RikaTan（理科探險）》雜誌委員志願者井上貫之先生、久米宗男先生、SHI（暗黑通信團）先生、高野裕惠女士、平賀章三先生、森垣良平先生、安居光國先生、寄木康彥先生，還有擔任編輯的大澤桃乃小姐。

作者介紹

左卷健男

東京大學兼任講師，前法政大學生命科學部環境應用化學科教授。《RikaTan（理科探險）》總編輯，專長為科普教育、科學溝通。一九四九年生，千葉大學教育部主修理科（物理化學研究室），畢業後在東京學藝大學研究所教育學研究科修讀理科教育。中學校理科教科書（新科學）編輯委員。在大學執教，同時也擔任理科教室或演講的講師，主要著作有《世界史是化學寫成的》（究竟出版）、《有趣到睡不著的化學》（快樂文化出版）、《瞄過一眼就忘不了的化學》（野人出版）、《学校に入り込むニセ科学》（暫譯：跑進學校的偽科學，在日本由平凡社出版）、《中学生にもわかる化学史》（暫譯：中學生也懂的化學史，在日本由筑摩書房出版）等。

國家圖書館出版品預行編目資料

用化學讀懂世界：從身邊的日常運作,到世界的起源都可以用化學來解答!/左卷健男著；張資敏譯. -- 初版. -- 臺中市：晨星出版有限公司, 2025.06
面； 公分. --（知的!；214）
譯自：化学で世界はすべて読み解ける：人類史、生命、暮らしのしくみ

ISBN 978-626-420-102-5（平裝）

1.CST: 化學 2.CST: 歷史

340.9 114004134

知的！214

用化學讀懂世界

從身邊的日常運作，到世界的起源都可以用化學來解答！

化学で世界はすべて読み解ける 人類史、生命、暮らしのしくみ

作者 左卷健男
譯者 張資敏
編輯 陳詠俞
封面設計 初雨有限公司（ivy_design）
美術設計 曾麗香

創辦人 陳銘民
發行所 晨星出版有限公司
407台中市西屯區工業區30路1號1樓
TEL：（04）23595820 FAX：（04）23550581
http://star.morningstar.com.tw
行政院新聞局局版台業字第2500號
法律顧問 陳思成律師
初版 西元2025年6月15日 初版1刷

讀者服務專線 TEL：（02）23672044 /（04）23595819#212
讀者傳真專線 FAX：（02）23635741 /（04）23595493
讀者專用信箱 service @morningstar.com.tw
網路書店 http://www.morningstar.com.tw
郵政劃撥 15060393（知己圖書股份有限公司）

印刷 上好印刷股份有限公司

定價400元

ISBN 978-626-420-102-5